信号与系统实验指导

主　编　李建兵

编　著　刘海成　姚庆　郭静坤　任栋　王妍

国防工业出版社

·北京·

内 容 简 介

本书是"信号与系统"课程实践环节的配套用书，通过提供丰富的实验科目，增强学生对理论知识的理解，提升学生的工程实践能力、创新思维能力以及运用理论知识解决实际问题的能力。

本书根据面向新工科的电工电子信息基础课改革发展要求，结合课程组长期的课程教学和科研实践经验编写而成，内容覆盖面广，将硬件实验和软件仿真相结合，注重知识的拓展和综合应用。全书共分为4部分，由硬件电路实验、仿真分析实验、应用拓展实验及附录组成。

本书可与"信号与系统"理论教材配套使用，也可作为学生开展电子科技创新实践的参考用书。本书还配套教学视频、教学PPT和软件仿真代码等资源。

图书在版编目（CIP）数据

信号与系统实验指导 / 李建兵主编. --北京：国防工业出版社，2025.3. -- ISBN 978-7-118-13612-8

Ⅰ.TN911.6-33

中国国家版本馆CIP数据核字第2025BD3741号

※

*国防工业出版社*出版发行
（北京市海淀区紫竹院南路23号　邮政编码100048）
北京虎彩文化传播有限公司印刷
新华书店经售

*

开本 787×1092　1/16　印张 11¼　字数 254千字
2025年3月第1版第1次印刷　印数 1—1200册　定价 58.00元

（本书如有印装错误，我社负责调换）

国防书店：(010)88540777　　书店传真：(010)88540776
发行业务：(010)88540717　　发行传真：(010)88540762

前　言

"信号与系统"课程是电子信息类各专业的核心主干课，实用性强，涵盖面广，是一门理论性和实践性均较强的课程。但是，该课程部分理论比较抽象，数学计算和公式推导较多，学习起来有一定的难度。实践环节是该课程的重要组成部分，通过实践不仅可增强学生对理论知识的理解，还可以提升学生的工程实践能力、创新思维能力以及运用理论知识解决实际问题的能力。本书正是为满足该课程的实践环节需求而编写的。

本书根据面向新工科的电工电子信息基础课改革发展要求，结合课程组长期的课程教学和科研实践经验编写而成，其突出特点如下：

一是内容覆盖面广。本书提供了大量的实验科目，涵盖了大部分课程教学涉及的内容。实验科目涉及的专业领域广，难度循序渐进，供不同专业和不同基础的学生选择。附录还提供了实验箱详细介绍、基本仪器设备使用以及 MATLAB 仿真基础等知识，方便学生查阅和学习。

二是硬件和软件相结合。当前"信号与系统"课程的实践环节趋于软件仿真形式，硬件实践逐渐淡化。软件仿真提高了实践效率，但降低了学生对信号和系统的感性认识，不利于实践能力的培养。本书提供了基于硬件实验箱和实验仪器的硬件实验科目，也提供了软件仿真实验科目，可供不同需求的学生选择。

三是增加了拓展应用实验，突出知识的工程应用，配以典型工程实例（语音信号分析和图像信号处理）激发学生学习兴趣，便于培养学生的科技创新思维。

电路图中元件参数标注依据工程应用习惯，"K"表示"kΩ"，如标注"20K"，表示电阻阻值为 20kΩ。电容采用 3 位数字标注方式，如"103"表示"$10\times10^3 pF$"，即 10nF。

本书由李建兵担任主编，制定了本书的提纲，并编写了第 1 章，郭静坤编写了第 2 章，姚庆编写了第 3 章，王妍完成了教学视频、教学 PPT 和软件仿真代码资源，任栋编写了附录，刘海成负责全书规划和审阅。武汉凌特电子技术有限公司给本书的编写和出版提供了有力支持，课程组同仁王雪明、叶金来、徐静波等也给予了全力的帮助，在此一并表示感谢。

本书可提供 PPT 课件、教学视频等教学资料，如有需要可跟作者联系。（电子邮箱：49286894@qq.com）

书中难免有不当之处，敬请广大读者批评指正。

作者

2024.11

目 录

第1章 硬件电路实验 ··· 1
1.1 常用信号分类与观察 ·· 1
1.2 阶跃响应与冲激响应 ·· 4
1.3 信号卷积实验 ·· 7
1.4 信号分解及合成 ·· 13
1.5 相位对波形合成的影响 ·· 18
1.6 采样定理与信号恢复 ··· 21
1.7 数字滤波器 ·· 23
1.8 有源、无源滤波器 ·· 25
1.9 巴特沃斯和切比雪夫滤波器幅频特性测试 ································· 33
1.10 连续时间系统的模拟 ·· 37
1.11 无失真传输系统 ·· 41
1.12 二阶网络函数模拟 ·· 43
1.13 二阶网络状态轨迹显示 ·· 49
1.14 一阶电路的暂态响应 ·· 51
1.15 二阶电路传输特性 ·· 55
1.16 直接数字频率合成 ·· 59

第2章 仿真分析实验 ·· 62
2.1 常见信号的生成 ·· 62
2.2 信号的运算 ·· 69
2.3 连续时间信号的卷积积分 ·· 73
2.4 连续系统的冲激响应与阶跃响应 ··· 76
2.5 微分方程的求解 ·· 78
2.6 连续时间周期信号的分解和合成 ··· 80
2.7 连续时间周期信号的频谱 ·· 85
2.8 连续时间非周期信号的频谱 ··· 88
2.9 采样定理 ··· 90
2.10 离散时间信号的卷积 ·· 92
2.11 离散系统的单位序列响应与阶跃响应 ·· 95
2.12 差分方程的求解 ·· 98
2.13 离散时间周期信号的频谱 ··· 100

v

  2.14 数字滤波器 ······ 102
第3章 应用拓展实验 ······ 105
  3.1 音频信号采集及观测 ······ 105
  3.2 音频信号采集及FFT频谱分析 ······ 107
  3.3 音频信号采集及尺度变换 ······ 109
  3.4 音频信号带限处理及FIR滤波器设计 ······ 111
  3.5 基于Simulink的信号分解与合成仿真 ······ 113
  3.6 图像加入椒盐噪声 ······ 118
  3.7 图像增强处理 ······ 119
  3.8 图像负片处理 ······ 120
  3.9 RGB图像转灰度 ······ 121
  3.10 RGB图像二值转换 ······ 122
附录A 信号与系统实验箱概述 ······ 124
  A.1 总体介绍 ······ 124
  A.2 实验模块介绍 ······ 125
  A.3 常用配件介绍 ······ 137
  A.4 实验软件介绍 ······ 138
  A.5 使用注意事项 ······ 146
附录B Fluke 15B+数字万用表的使用 ······ 149
  B.1 测量交流和直流电压 ······ 149
  B.2 测量电阻 ······ 149
  B.3 测量电流 ······ 150
附录C DF1731SL3ATB直流稳压电源的使用 ······ 151
  C.1 电源使用的基本常识 ······ 151
  C.2 DF1731SL3ATB型电源的使用方法 ······ 151
  C.3 稳压电源使用注意事项 ······ 152
附录D TFG3908A信号源的使用 ······ 153
  D.1 TFG3908A信号源面板简介 ······ 153
  D.2 基本使用方法 ······ 154
  D.3 基本信号设置方法 ······ 154
附录E TDS1002B数字示波器的使用 ······ 158
  E.1 测试探头 ······ 158
  E.2 功能检查 ······ 159
  E.3 简单测量 ······ 160
  E.4 耦合方式设置 ······ 161
  E.5 自动测量 ······ 161
  E.6 光标测量 ······ 161

附录 F　MATLAB 仿真基础 …………………………………………………… 163
　　F.1　MATLAB 操作界面 ……………………………………………………… 163
　　F.2　命令行操作 ……………………………………………………………… 163
　　F.3　M 文件 …………………………………………………………………… 164
　　F.4　有关的 MATLAB 函数 ………………………………………………… 165
参考文献 ………………………………………………………………………… 171

第 1 章 硬件电路实验

硬件电路实验基于信号与系统实验箱、信号源、示波器、万用表等实验仪器开展，以最贴近实际的方式展现信号与系统的相关原理，加深学生对相关知识的理解。同时，通过实际操作和观察，提升学生的动手实践能力和科技创新思维。

1.1 常用信号分类与观察

一、实验目的

（1）观测常用信号，了解信号的基本特性。
（2）熟悉信号与系统实验箱、示波器的操作与使用。

二、实验仪器

（1）数字信号处理模块 S4　　　　　　　　　　　1 块
（2）双踪示波器　　　　　　　　　　　　　　　1 台

三、实验原理

研究一个系统的特性，其中重要的一个方面是研究它的输入和输出关系，即在一特定的输入信号下，系统对应的输出响应信号，因而对信号的研究是对系统研究的出发点，是对系统特性观察的基本手段与方法。在本实验中，将对常用信号及其特性进行分析、研究。

信号可以表示为一个或多个变量的函数，在这里仅对一维信号进行研究，自变量为时间。常用信号有指数信号、正弦信号、指数衰减正弦信号、采样信号、钟形信号、脉冲信号等。

需要注意的是，对于一闪而过的非周期信号来说，往往需要设置示波器的特定触发条件，示波器才有可能捕获和采集到该信号，而这种观测操作非常不方便。为了能够更方便地使用示波器观测这些常用信号，在本实验中我们将这些常用信号都进行了周期重复，在实验分析时我们只需分析一段时间间隔的信号波形即可。

1. 指数信号

指数信号可表示为 $f(t) = Ke^{at}$。

对于不同的 a 取值，其波形表现为不同的形式，如图 1-1 所示。

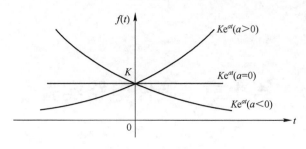

图 1-1 指数信号

2. 指数衰减（或增长）正弦信号

指数衰减正弦信号表达式为 $f(t)=\begin{cases} 0 & (t<0) \\ Ke^{at}\sin(\omega t) & (t\geq 0) \end{cases}$。

当 $a<0$ 时，指数衰减正弦信号的波形如图 1-2 所示；当 $a>0$ 时，指数增长正弦信号的波形如图 1-3 所示。

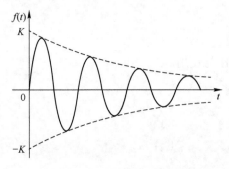
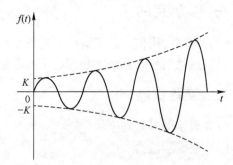

图 1-2 指数衰减正弦信号　　　　图 1-3 指数增长正弦信号

3. 采样信号

采样信号表达式为：$Sa(t)=\dfrac{\sin t}{t}$。$Sa(t)$ 是一个偶函数，$t=\pm\pi,\pm 2\pi,\cdots,\pm n\pi$ 时，函数值为零。该函数在很多应用场合具有独特的运用，其波形如图 1-4 所示。

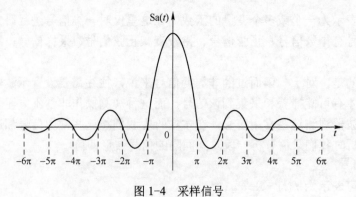

图 1-4 采样信号

4. 钟形信号（高斯函数）

钟形信号表达式为 $f(t)=Ee^{-\left(\frac{t}{\tau}\right)^2}$，其信号如图 1-5 所示。

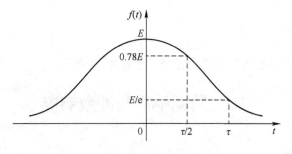

图 1-5 钟形信号

本实验中在模块 S4 的 TP1 测试点可观测的常见信号主要有指数增长信号、指数衰减信号、指数增长正弦信号、指数衰减正弦信号、采样信号和钟形信号。如表 1-1 所示。

表 1-1

TP1 输出波形	波形函数
指数增长信号	$f(t) = 0.5e^{(t/450)}$
指数衰减信号	$f(t) = 5e^{-(t/450)}$
指数增长正弦信号	$f(t) = \begin{cases} 0 & (t<0) \\ 0.5e^{\frac{t}{440}}\sin\left(\frac{\pi t}{105}\right) & (t \geqslant 0) \end{cases}$
指数衰减正弦信号	$f(t) = \begin{cases} 0 & (t<0) \\ 5e^{\frac{-t}{440}}\sin\left(\frac{\pi t}{105}\right) & (t \geqslant 0) \end{cases}$
采样信号	$f(t) = \dfrac{5\sin\left(\frac{\pi t}{60}\right)}{\frac{\pi t}{60}}$
钟形信号	$f(t) = 5e^{-\left(\frac{t}{160}\right)^2}$

四、实验步骤

（1）打开实验箱以及模块 S4 的电源。

（2）旋转模块 S4 的功能旋钮 ROL1，选择"常用信号观测"实验功能，再短按 ROL1 进入该实验的参数设置界面。

（3）用示波器探头接模块 S4 的 TH1（或者 TP1）测试点。

（4）单击模块 S4 的按键 K1（或 K2），选中"指数增长信号"（光标"√"的位置表示所选中项），记录该信号波形。

（5）单击按键 K1（或 K2），选中"指数衰减信号"，记录该信号波形。

（6）单击按键 K1（或 K2），选中"指数增长正弦信号"，记录该信号波形。

（7）单击按键 K1（或 K2），选中"指数衰减正弦信号"，记录该信号波形。

（8）单击按键 K1（或 K2），选中"采样信号"，记录该信号波形。

（9）单击按键 K1（或 K2），选中"钟形信号"，记录该信号波形。

五、实验报告

用坐标纸画出各实验波形,体会各种信号波形的特点。

1.2 阶跃响应与冲激响应

一、实验目的

(1)观测系统的阶跃响应,了解系统参数变化对响应输出的影响。
(2)观测系统的冲激响应,了解系统参数变化对响应输出的影响。

二、实验仪器

(1)一阶网络模块 S5   1块
(2)信号源及频率计模块 S2   1块
(3)双踪示波器   1台
(4)数字万用表   1个

三、实验原理

1. 阶跃响应和冲激响应

以单位冲激信号 $\delta(t)$ 作为激励,LTI连续系统产生的零状态响应称为单位冲激响应,简称冲激响应,记为 $h(t)$。冲激响应示意图如图1-6所示。

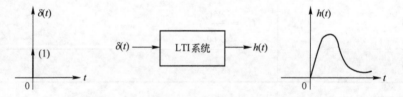

图1-6 冲激响应示意图

以单位阶跃信号 $u(t)$ 作为激励,LTI连续系统产生的零状态响应称为单位阶跃响应,简称阶跃响应,记为 $g(t)$。阶跃响应示意图如图1-7所示。

图1-7 阶跃响应示意图

激励与响应的关系简单地表示为

$$g(t) = H[u(t)] \quad \text{或者} \quad u(t) \to g(t)$$

$$h(t) = H[\delta(t)] \quad \text{或者} \quad \delta(t) \to h(t)$$

2. 阶跃响应的三种状态

图 1-8 为 RLC 串联电路的阶跃响应与冲激响应实验电路图，其响应有以下三种状态：

（1）当电阻 $R > 2\sqrt{\dfrac{L}{C}}$ 时，称为过阻尼状态。

（2）当电阻 $R = 2\sqrt{\dfrac{L}{C}}$ 时，称为临界状态。

（3）当电阻 $R < 2\sqrt{\dfrac{L}{C}}$ 时，称为欠阻尼状态。

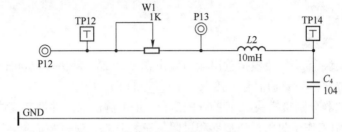

(a) 阶跃响应电路连接示意图

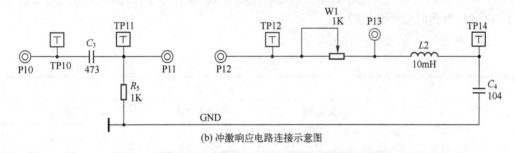

(b) 冲激响应电路连接示意图

图 1-8　RLC 串联电路的阶跃响应与冲激响应实验电路图

3. 阶跃响应的动态指标

响应的动态指标定义如下。

上升时间 t_r：$y(t)$ 从 0 到第一次达到稳态值 $y(\infty)$ 所需的时间。

峰值时间 t_p：$y(t)$ 从 0 上升到 $y_{\max}$ 所需的时间。

调节时间 t_s：$y(t)$ 的振荡包络线进入稳态值的 ±5% 误差范围所需的时间。

最大超调量 δ_p：$\delta_p = \dfrac{y_{\max}}{y(\infty)}$。

冲激信号是阶跃信号的导数，所以对线性时不变电路，冲激响应也是阶跃响应的导数，即 $h(t) = \dfrac{\mathrm{d}g(t)}{\mathrm{d}t}$。

本实验中，用周期方波代替实验所需的阶跃信号，观测该信号经过系统电路的输出响应。用周期方波经过微分电路得到的尖顶脉冲代替冲激信号，观测该信号经过系统电路的输出响应（图 1-9）。

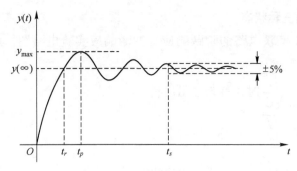

图 1-9 阶跃响应指标示意图

四、实验步骤

1. 阶跃响应观测

（1）设置模块 S2，使模拟输出端口输出幅度为 2V、频率为 500Hz 的方波。

（2）将该方波作为激励信号，接入模块 S5 的 P12 端口。

（3）用示波器分别接模块 S5 的 TP12 和 TP14 测试点，并调节模块 S5 的电位器 W1，使电路分别工作于欠阻尼、临界和过阻尼三种状态，观察并记录各种状态下的输出波形。同时，用万用表测量各状态下电路的电阻参数（注：万用表的表笔分别接 P12 和 P13 两点，测量时应断开电源）。

（4）整理实验数据，并填入表 1-2 中。

表 1-2

参数测量	状态		
	欠阻尼状态	临界状态	过阻尼状态
	$R < 2\sqrt{\dfrac{L}{C}}$	$R = 2\sqrt{\dfrac{L}{C}}$	$R > 2\sqrt{\dfrac{L}{C}}$
	$R=$	$R=$	$R=$
TP12 激励波形			
TP14 响应波形			

注：描绘波形要使三种状态的 X 轴坐标（扫描时间）一致。

2. 冲激响应观测

冲激信号是由阶跃信号经过微分电路而得到。实验电路如图 1-8（b）所示。

（1）将方波信号接入 P10 端口（输入信号频率与幅度不变）。

（2）连接 P11 端口与 P12 端口。

（3）示波器的一个通道接 TP11 测试点，观察经微分后的输出波形（等效为冲激激励信号）。

（4）示波器的另一个通道接 TP14 测试点，并调节模块 S5 的电位器 W1，使电路分别工作于欠阻尼、临界和过阻尼三种状态。同时，用万用表测量各状态下电路的电阻参数（注：万用表的表笔分别接 P12 和 P13 两点，测量时应断开电源）。整理实验数据，并填入表 1-3 中。

表 1-3

参数测量	状态		
	欠阻尼状态	临界状态	过阻尼状态
	$R < 2\sqrt{\dfrac{L}{C}}$	$R = 2\sqrt{\dfrac{L}{C}}$	$R > 2\sqrt{\dfrac{L}{C}}$
	$R=$	$R=$	$R=$
TP11 激励波形			
TP14 响应波形			

五、实验报告

（1）描绘同样时间轴阶跃响应与冲激响应的输入、输出电压波形时，要标明信号幅度 A、周期 T、方波脉宽 T_1 以及微分电路的 τ 值。

（2）分析实验结果，说明电路参数变化对状态的影响。

1.3 信号卷积实验

一、实验目的

（1）理解卷积的概念及物理含义。
（2）观测信号自卷积输出和信号之间的互卷积输出。

二、实验仪器

（1）数字信号处理模块 S4　　　　　　　1 块
（2）信号源及频率计模块 S2　　　　　　1 块
（3）双踪示波器　　　　　　　　　　　　1 台

三、实验原理

卷积积分的物理意义是将信号分解为冲激信号之和，借助系统的冲激响应，求解系统对任意激励信号的零状态响应。

设系统的激励信号为 $x(t)$，冲激响应为 $h(t)$，则系统的零状态响应为

$$y(t) = x(t) * h(t) = \int_{-\infty}^{\infty} x(\tau)h(t-\tau)\mathrm{d}\tau \tag{1-1}$$

对于任意两个信号 $f_1(t)$ 和 $f_2(t)$，两者做卷积运算定义为

$$f(t) = \int_{-\infty}^{\infty} f_1(\tau)f_2(t-\tau)\mathrm{d}\tau = f_1(t) * f_2(t) = f_2(t) * f_1(t) \tag{1-2}$$

1. 两个矩形脉冲信号的卷积过程

两信号 $x(t)$ 与 $h(t)$ 都为矩形脉冲信号，如图 1-10 所示。下面以图解的方法给出两个信号的卷积过程和结果，以便与实验结果进行比较。

图解法的一般步骤为：

（1）置换 $(t \to \tau)$，即 $x(t) \to x(\tau)$，$h(t) \to h(\tau)$。

(2) 反褶 $(t \to -\tau)$，即 $h(t) \to h(-\tau)$。
(3) 平移 $(\tau \to t-\tau)$，即 $h(t) \to h(t-\tau)$。
(4) 相乘，即 $x(\tau)h(t-\tau)$。
(5) 积分，即 $\int_{-\infty}^{+\infty} f_1(\tau)f_2(t-\tau)\mathrm{d}\tau$。

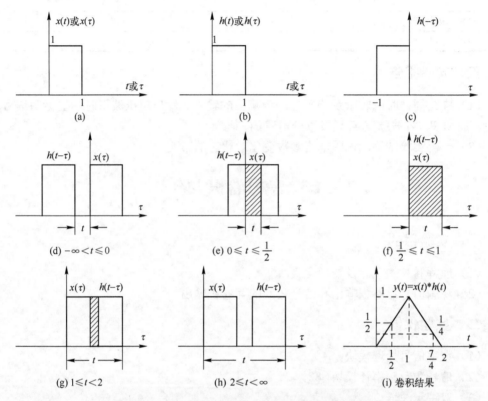

图 1-10　两矩形脉冲的卷积积分的运算过程与结果

下面在图 1-11 和图 1-12 中描述了不同占空比的矩形波的自卷积过程。
（1）占空比 50% 的矩形波自卷积过程。

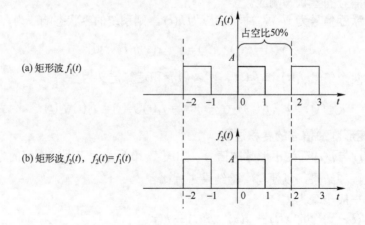

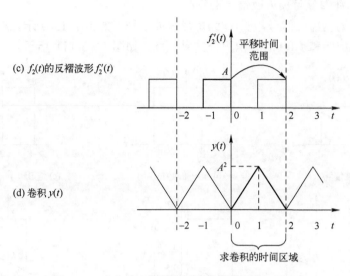

图 1-11 占空比 50%的矩形波自卷积过程示意图

（2）占空比 25%的矩形波自卷积过程。

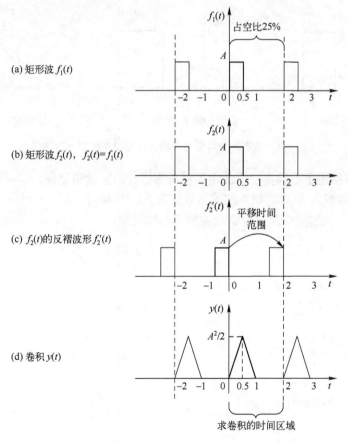

图 1-12 占空比 25%的矩形波自卷积过程示意图

2. 矩形脉冲信号与锯齿波信号的卷积

信号 $f_1(t)$ 为锯齿波信号，$f_2(t)$ 为矩形脉冲信号，如图 1-13 所示。根据卷积积分的运算方法得到 $f_1(t)$ 和 $f_2(t)$ 的卷积积分结果 $y(t)$，如图 1-13（i）所示。

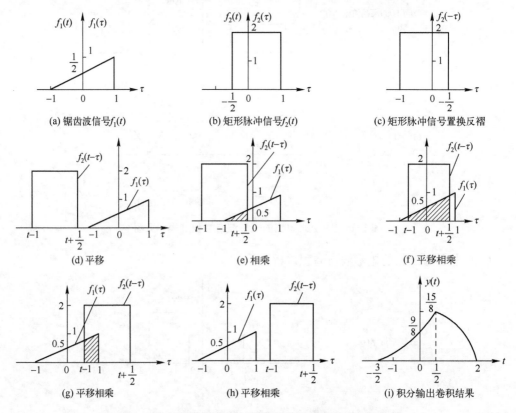

图 1-13 矩形脉冲信号与锯齿波信号的卷积积分的结果

图 1-14 中描述了不同占空比的矩形波与锯齿波的互卷积过程。
矩形波的函数为 $f_1(t)$。锯齿波的函数式为 $f_2(t) = 2t$。
（1）占空比 50% 的矩形波与锯齿波的互卷积过程。

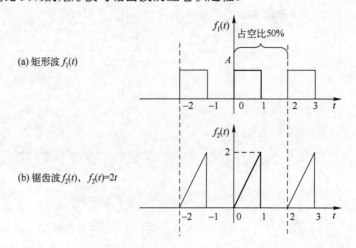

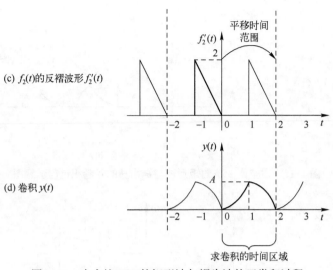

图 1-14 占空比 50%的矩形波与锯齿波的互卷积过程

（2）占空比 25%的矩形波与锯齿波的互卷积过程。

从图 1-15 可以看出，占空比 25%的矩形波和锯齿波进行卷积最大值为 0.75A。该最大值时刻，就是反褶的锯齿波在平移过程中，与矩形波重叠面积最大的时刻，如图 1-16 中阴影所示。

此时卷积结果为阴影部分的梯形面积与矩形波的乘积，即

$$\left(\frac{2\times 1}{2}-\frac{1\times 0.5}{2}\right)\times A = 0.75A$$

注：式中是用锯齿波面积减去小三角形面积得到阴影部分的梯形面积。

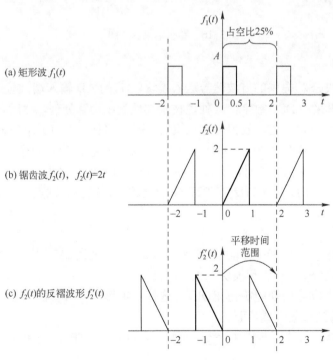

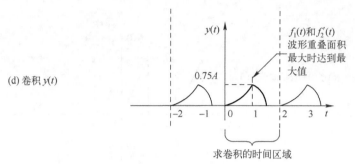

图 1-15 占空比 25%的矩形波与锯齿波的互卷积过程示意图

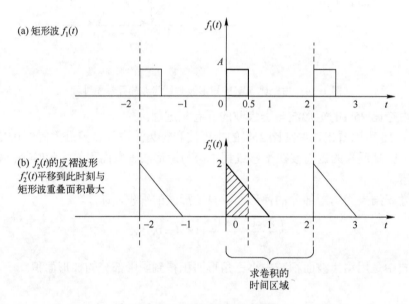

图 1-16 卷积结果示意图

3. 实验说明

本实验中模块 S2 提供的方波信号送入模块 S4 的 AD 输入端,通过 A/D 转换器转换成数字信号,再采用 DSP 数字信号处理技术实现卷积运算处理,然后卷积输出结果通过 D/A 转换器得到模拟信号,卷积信号从模块 S4 的 TH1(TP1)端口输出。

当模块设置为自卷积功能时,TH1(TP1)是方波自卷积信号的输出测试点。

当模块设置为互卷积功能时,TH2(TP2)是锯齿波信号输出测试点,TH1(TP1)是输入信号 TH11(TP11)与 TH2(TP2)锯齿波的卷积输出测试点。

四、实验步骤

(1)调节模块 S2 使 P2 端口输出频率为 500Hz、幅度为 2V、占空比为 50%的方波。

(2)连接模块 S2 的 P2 和模块 S4 的 TH11。

(3)旋转模块 S4 的功能旋钮 ROL1,选择"矩形信号自卷积"实验功能,再短按 ROL1 进入该实验的参数设置界面。

(4)用示波器探头分别接模块 S4 的测试点 TP11 和 TP1,观测并记录原始信号和卷积输出信号的波形。

（5）长按模块 S2 的频率调节旋钮 ROL1 后，可切换至方波信号源占空比设置功能。再旋转模块 S2 的 ROL1，改变信号占空比，并观测不同占空比的矩形信号自卷积输出波形。

（6）长按模块 S4 的功能旋钮 ROL1，返回实验功能选择界面，旋转 ROL1，选择"矩形及锯齿信号互卷积"实验功能，再短按 ROL1 进入该实验的参数设置界面。

（7）用示波器分别观测模块 S4 的测试点 TP11 的矩形信号波形、测试点 TP2 的锯齿波信号波形，以及测试点 TP1 的卷积输出波形。

（8）点击模块 S4 的按键 K1（或 K2），设置锯齿波信号的占空比，并观察上述各测试点的输出信号波形。

五、实验报告

按要求记录实验波形结果。

1.4 信号分解及合成

一、实验目的

（1）熟悉信号分解与合成原理。
（2）掌握傅里叶级数进行谐波分析的方法。
（3）观测信号分解的各谐波分量，以及不同谐波分量的合成效果。

二、实验仪器

（1）数字信号处理模块 S4　　　　　　　1 块
（2）信号合成及基本运算单元模块 S9　　1 块
（3）信号源及频率计模块 S2　　　　　　1 块
（4）双踪示波器　　　　　　　　　　　　1 台

三、实验原理

1. 信号的频谱测量

信号的时域特性和频域特性是对信号的两种不同的描述方式。对于一个时域周期信号 $f(t)$，只要满足狄利克雷（Dirichlet）条件，就可以将其展开成三角形式或指数形式的傅里叶级数，从而引出傅里叶变换，建立信号频谱的概念。例如，对于一个周期为 T 的信号 $f(t)$，在区间（t_0, t_0+T）内，频率 $f=\dfrac{1}{T}$，角频率 $\omega=2\pi f=\dfrac{2\pi}{T}$，按照傅里叶级数的定义，可以用三角函数的线性组合表示为

$$f(t)=a_0+\sum_{n=1}^{\infty}[a_n\cos(n\omega t)+b_n\sin(n\omega t)] \tag{1-3}$$

其中，n 为正整数。

直流分量

$$a_0 = \frac{1}{T}\int_{t_0}^{t_0+T} f(t)\mathrm{d}t \tag{1-4}$$

余弦频率分量的幅度

$$a_n = \frac{2}{T}\int_{t_0}^{t_0+T} f(t)\cos(n\omega t)\mathrm{d}t \tag{1-5}$$

正弦频率分量的幅度

$$b_n = \frac{2}{T}\int_{t_0}^{t_0+T} f(t)\sin(n\omega t)\mathrm{d}t \tag{1-6}$$

可见信号 $f(t)$ 分解成直流分量以及许多余弦频率分量和正弦频率分量，便于研究其频谱分布情况。信号的时域特性与频谱特性之间有着密切的内在联系。反映各频率分量幅度的频谱称为振幅频谱，反映各频率分量相位的频谱称为相位频谱。本实验只研究振幅频谱，从振幅频谱图上，可以直观看出各频率分量所占的比重。

由于周期信号的振幅频谱具有离散性、谐波性和收敛性三个性质，本实验采用同时分析法测量频谱。同时分析法的基本工作原理是利用多个滤波器，把它们的中心频率分别调到被测信号的各频率分量上，中心频率与某次谐波分量频率一致的滤波器便有输出。在被测信号发生的实际时间内可以同时测得信号所包含的各频率分量（图 1-17）。

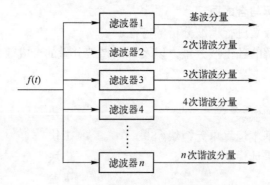

图 1-17　同时分析法测量频谱

2. 周期方波的分解

如图 1-18 所示，设周期方波信号 $f(t) = A[u(t+t_1) - u(t-t_1)]$ 的脉冲宽度为 τ，脉冲幅度为 A，重复周期为 T，角频率 $\omega = 2\pi f = 2\pi/T$，且 $t_1 = \tau/2$。

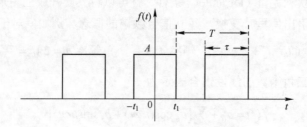

图 1-18　周期方波信号波形

将周期方波信号展开成三角函数的傅里叶级数，可以求得

$$a_0 = \frac{1}{T}\int_{-\frac{T}{2}}^{\frac{T}{2}} f(t)\mathrm{d}t = \frac{1}{T}\int_{-\frac{\tau}{2}}^{\frac{\tau}{2}} A\mathrm{d}t = \frac{A\tau}{T} \tag{1-7}$$

$$a_n = \frac{2}{T}\int_{-\frac{T}{2}}^{\frac{T}{2}} f(t)\cos(n\omega t)\mathrm{d}t = \frac{2}{T}\int_{-\frac{\tau}{2}}^{\frac{\tau}{2}} A\cos(n\omega t)\mathrm{d}t = \frac{2A}{n\pi}\sin\left(\frac{n\omega\tau}{2}\right) = \frac{2A}{n\pi}\sin\left(\frac{n\pi\tau}{T}\right) \tag{1-8}$$

即

$$a_n = \frac{A\omega\tau}{\pi}\mathrm{Sa}\left(\frac{n\omega\tau}{2}\right) = \frac{2A\tau}{T}\mathrm{Sa}\left(\frac{n\pi\tau}{T}\right) \tag{1-9}$$

由于周期方波 $f(t)$ 为偶函数，则有

$$b_n = \frac{2}{T}\int_{-\frac{T}{2}}^{\frac{T}{2}} f(t)\sin(n\omega t)\mathrm{d}t = 0 \tag{1-10}$$

所以该周期方波的傅里叶级数为

$$f(t) = \frac{A\tau}{T} + \frac{2A}{n\pi}\sum_{n=1}^{\infty}\sin\left(\frac{n\pi\tau}{T}\right)\cos(n\omega t) = \frac{A\tau}{T} + \frac{2A\tau}{T}\sum_{n=1}^{\infty}\mathrm{Sa}\left(\frac{n\pi\tau}{T}\right)\cos(n\omega t) \tag{1-11}$$

或者

$$f(t) = \frac{A\tau}{T} + \frac{2A}{n\pi}\sum_{n=1}^{\infty}\sin\left(\frac{n\omega\tau}{2}\right)\cos(n\omega t) = \frac{A\tau}{T} + \frac{A\omega\tau}{\pi}\sum_{n=1}^{\infty}\mathrm{Sa}\left(\frac{n\omega\tau}{2}\right)\cos(n\omega t) \tag{1-12}$$

若给定 τ、T（或者 ω）和 A，就可以求出直流分量以及各谐波分量的幅度。

例如，图 1-19 中占空比为 40%的方波信号，其脉宽等于周期的 2/5（即 $\tau/T = 2/5$，则 $t_1 = \tau/2 = T/5$）。

可以得到其傅里叶级数为

$$f(t) = \frac{2A}{5} + \frac{4A}{5}\sum_{n=1}^{\infty}\mathrm{Sa}\left(\frac{2n\pi}{5}\right)\cos(n\omega t) \tag{1-13}$$

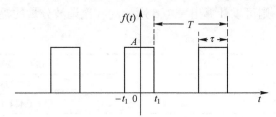

图 1-19　占空比 40%的方波

或者

$$f(t) = \frac{2A}{5} + \frac{2A\omega T}{5\pi}\sum_{n=1}^{\infty}\mathrm{Sa}\left(\frac{n\omega T}{5}\right)\cos(n\omega t) \tag{1-14}$$

若该方波信号的峰峰值为 2V（即 $A = 2$），则 $f(t) = \frac{4}{5} + \frac{4}{n\pi}\sum_{n=1}^{\infty}\sin\left(\frac{2n\pi}{5}\right)\cos(n\omega t)$，可

以得到直流分量的幅度为 $a_0 = 0.8\text{V}$，并可计算出表 1-4 所示的各次谐波分量的幅度。

表 1-4

谐波次数	谐波分量幅度/V
基波	1.2109
2 次	0.3742
3 次	0.2495（注意，余弦频谱分量幅度的理论计算值是-0.2495，这里的数值正负反映谐波在时域上的相位情况）
4 次	0.3027（注意，余弦频谱分量幅度的理论计算值是-0.3027，这里的数值正负反映谐波在时域上的相位情况）
5 次	0
6 次	0.2018
7 次	0.1069

再如，图 1-20 中占空比为 50%的对称方波信号，其脉宽等于周期的一半（即 $\tau/T = 1/2$）。注意，因其正负交替，则直流分量 $a_0 = 0$。该对称方波的傅里叶级数为

$$f(t) = \frac{2A}{\pi}\left[\cos(\omega t) + \frac{1}{3}\cos(3\omega t) + \frac{1}{5}\cos(3\omega t) + \cdots\right] \quad (1\text{-}15)$$

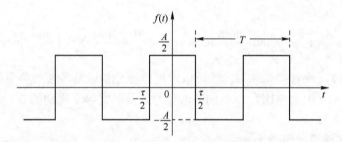

图 1-20　占空比 50%的对称方波

可以看出，该信号的频谱中只包含奇次谐波的余弦频谱分量。若该方波信号的峰峰值为 2V（即 $A = 2$），则可以计算出表 1-5 所示的各次谐波分量的幅度。

表 1-5

谐波次数	谐波分量幅度/V
1 次	1.2732395
3 次	0.4244131
5 次	0.2546479
7 次	0.1818914

3. 周期三角波的分解

如图 1-21 所示，周期三角波信号 $f(t)$ 是正负跳变的，则直流分量 $a_0 = 0$；又因为它是奇函数，因而 $a_n = 0$。该周期三角波的傅里叶级数为

$$f(t) = \frac{4A}{\pi^2}\left[\sin(\omega t) - \frac{1}{3^2}\sin(3\omega t) + \frac{1}{5^2}\sin(5\omega t) - \frac{1}{7^2}\sin(7\omega t) + \cdots\right] \quad (1\text{-}16)$$

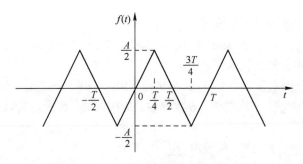

图 1-21 周期三角波信号

若该三角波信号的峰峰值为 2V（即 $A=2$），则可计算出表 1-6 所示的各次谐波分量的幅度。

表 1-6

谐波次数	谐波分量幅度/V
1 次	0.8105694
3 次	0.0900633
5 次	0.0324228
7 次	0.0165422

4. 实验说明

如图 1-22 所示，本实验中，信号源模块 S2 提供的方波信号接入数字信号处理模块 S4 的 TH11 端口，进行分解处理，依次得到 1 次、2 次、3 次、4 次、5 次、6 次、7 次和 8 次及以上谐波分量，各谐波分别从 TH1～TH8 端口输出。各谐波分量可接入信号合成及基本运算单元模块 S9 进行叠加处理，得到合成波形从 TH9 端口输出。

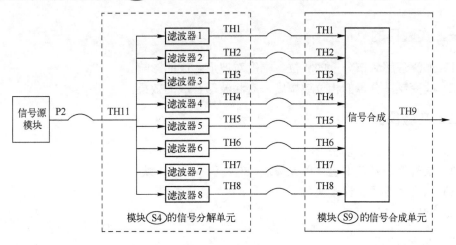

图 1-22 实验框图

四、实验步骤

（1）调节模块 S2 使 P2 端口输出频率为 500Hz、幅度为 2V、占空比为 50%的方波。

（2）连接模块 S2 的 P2 和模块 S4 的 TH11。

（3）旋转模块 S4 的功能旋钮 ROL1，选择"方波信号分解与合成"实验功能，再短按 ROL1 进入该实验的参数设置界面。

（4）用示波器分别观测模块 S4 的测试点 TP1～TP8，依次记录信号的基波、2 次谐波、3 次谐波、4 次谐波、5 次谐波、6 次谐波、7 次谐波、8 次及其以上谐波的输出信号波形。

（5）连接模块 S4 的 TH1 和模块 S9 的 TH1。

（6）连接模块 S4 的 TH3 和模块 S9 的 TH3。

（7）用示波器观测模块 S9 的 TH9（TP9）端口，记录信号的基波与 3 次谐波的合成输出波形。

（8）连接模块 S4 的 TH5 和模块 S9 的 TH5。记录基波、3 次谐波和 5 次谐波的合成输出波形。

（9）再连接模块 S4 的 TH7 和模块 S9 的 TH7。记录基波、3 次谐波、5 次谐波和 7 次谐波的合成输出波形。

（10）将方波信号源的占空比设置为 40%，再参考上述步骤，依次观测各谐波分量的波形。

（11）同样，依次观测不同谐波分量之间的叠加输出波形。

五、实验报告

按要求记录实验波形结果。

1.5 相位对波形合成的影响

一、实验目的

（1）加深理解频谱分量的相位、幅度对波形合成的影响。
（2）改变频谱分量的相位或幅度，观测波形合成的效果。

二、实验仪器

（1）数字信号处理模块 S4　　　　　　　　　1 块
（2）信号合成及基本运算单元模块 S9　　　　1 块
（3）信号源及频率计模块 S2　　　　　　　　1 块
（4）双踪示波器　　　　　　　　　　　　　1 台

三、实验原理

我们知道，对周期性的复杂信号进行傅里叶级数展开时，各次谐波之间的幅值和相位是具有一定关系的。只有满足这一关系时，各次谐波的叠加合成才能恢复原始的信号。当谐波分量的相位或幅度发生变化后，最后合成的波形也会受到影响。下面列举了 MATLAB 仿真效果图。其中，图 1-23 是各谐波未移相时的合成波形，图 1-24 是当 3 次谐波出现移相180°后的合成波形，可见二者波形有差异。

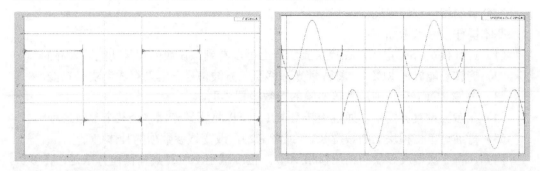

图 1-23 各次谐波都没有相移时的合成波形　　图 1-24 当3次谐波移向180°之后的合成波形

本实验中采用数字滤波器来实现波形的分解，数字滤波器的实现通常有 FIR（有限长滤波器）与 IIR（无限长滤波器）两种。其中，由 FIR 实现的各次谐波的数字滤波器在阶数相同的情况下，能保证各次谐波的线性相位，而由 IIR 实现的数字滤波器，输出为非线性相位。本实验系统中的数字滤波器是由 FIR 实现的，因此，在波形合成时不存在相位的影响，只要各次谐波的幅度调节正确即可合成原始的输入波形；但若把数字滤波器的实现改为 IIR，或仍然是 FIR 但某次谐波的数字滤波器阶数有别于其他数字滤波器阶数，则各次谐波相位间的线性关系就不能成立，这样即使各次谐波的幅度关系正确也无法合成原始的输入波形。

本实验中，信号源模块 S2 提供的方波信号接入数字信号处理模块 S4 的 TH11 端口，进行分解处理，依次得到 1 次、2 次、3 次、4 次、5 次、6 次、7 次和 8 次及以上谐波分量，各谐波分别从 TH1～TH8 端口输出。各谐波分量可接入信号合成及基本运算单元模块 S9 进行叠加处理，得到合成波形从模块 S9 的 TH9 端口输出。

为了能够观测谐波分量的相位或幅度变化对波形合成的影响，本实验加入了谐波分量的相位和幅度调整功能，实验框图如图 1-25 所示。

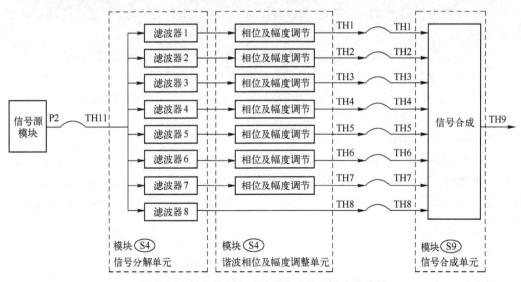

图 1-25 相位及幅度对波形合成的影响实验框图

通过配合使用功能旋钮 ROL1 和按键 K1（或者 K2），可以对信号分解得到的 1 次～7 次谐波分量的相位和幅度进行调整。

基本操作方法参考如下：

（1）打开模块 S4 电源，在模块显示屏上可以看到该模块的实验功能列表界面。
（2）旋转功能旋钮 ROL1，将背景光标移至"方波信号分解与合成"实验功能。
（3）短按 ROL1 后，则进入该实验的参数设置界面。
（4）在参数设置界面中，通过旋转 ROL1，可以将背景光标移至某个参数选项。
（5）再通过单击模块上的按键 K1（或者 K2），改变该参数项的具体值。

例如，将 3 次谐波分量的相位移相 90°，幅度减小 10%。具体操作方法是：在参数设置界面中，旋转 ROL1，将背景光标移至"谐波选择"参数项；单击按键 K1（或者 K2），选择"三次"谐波。旋转 ROL1，将背景光标移至"幅度增益"参数项；单击按键 K1（或者 K2），选择"-10%"。再旋转 ROL1，将背景光标移至"相位调节"参数项；再单击按键 K1（或者 K2），选择"90°"。

需要注意的是，设置"幅度增益"或"相位调节"参数，只对当前显示屏中"谐波选择"所选的一个谐波信号能够有效改变幅度或相位，而不会改变其他谐波信号的幅度或相位，并且其他谐波信号始终只以方波分解得到的初始幅度和初始相位进行输出。

四、实验步骤

（1）调节模块 S2 使 P2 端口输出频率为 500Hz、幅度为 2V、占空比为 50%的方波。
（2）连接模块 S2 的 P2 和模块 S4 的 TH11。
（3）旋转模块 S4 的功能旋钮 ROL1，选择"方波信号分解与合成"实验功能，再短按 ROL1 进入该实验的参数设置界面。
（4）用示波器分别观测模块 S4 的测试点 TP1～TP8，依次记录信号的基波、2 次谐波、3 次谐波、4 次谐波、5 次谐波、6 次谐波、7 次谐波、8 次及其以上谐波的输出信号波形。
（5）将模块 S4 的 TH1～TH8 端口与模块 S9 的 TH1～TH8 端口进行连接，如图 1-25 所示。
（6）用示波器观测模块 S9 的 TH9（TP9）端口，记录信号合成输出波形。
（7）旋转模块 S4 的功能旋钮 ROL1，选择"谐波选择"参数项，单击按键 K1（或 K2），将谐波选择为"三次"，旋转功能旋钮 ROL1，选择"相位调节"参数项，再单击按键 K1（或 K2），将相位调为"180°"，则此时模块 S4 的 TH3 端口输出的是 3 次谐波分量移向 180°后的信号。
（8）再用示波器观测模块 S9 的 TH9（TP9）端口，记录此时信号合成输出波形。
（9）参考上述操作，自行调节模块 S4 的功能旋钮 ROL1 以及按键 K1（或者 K2），改变不同谐波分量的幅度及相位，并观测信号合成输出波形，了解幅度或相位变化对信号合成的影响。

五、实验报告

按要求记录实验波形和结果。

1.6 采样定理与信号恢复

一、实验目的

（1）观察离散信号频谱，了解其频谱特点。
（2）验证采样定理并恢复原信号。

二、实验仪器

（1）信号源及频率计模块 S2　　　　　　　1 块
（2）采样定理及滤波器模块 S3　　　　　　　1 块
（3）数字信号处理模块 S4　　　　　　　　　1 块
（4）双踪示波器　　　　　　　　　　　　　　1 台

三、实验原理

1. 采样及恢复

在一定条件下，一个连续时间信号完全可以用该信号在等时间间隔点上的值或样本来表示，并且可以用这些样本值把该信号全部恢复出来。这个略微令人吃惊的性质来自采样定理。这一定理是极为重要和有用的。例如，电影就是由一组按时序的单个画面（一帧）组成的，其中每一帧都代表着连续变化景象中的一个瞬时画面（也就是时间样本），当以足够快的速度来看这些时序样本时，我们就会感觉到原来连续活动景象的重现。又如印刷照片，一般是由很多非常细小的网点组成的，其中每一点对应于空间连续图像的一个采样点，如果这些样点在空间距离上足够靠近，那么这幅照片看起来在空间是连续的。当然，借助于放大镜，这些样点的不连续性还是可以看得见的。

采样定理要求，为了完全恢复被采样的信号，信号必须是带限的，而且采样频率必须大于要被采样信号中最高频率的两倍。在这些条件下，原始信号的重建是通过理想低通滤波来完成的，这种理想的重建信号过程的时域解释一般称为理想带限内插。

如果一个信号是欠采样的（即采样频率小于采样定理中要求的频率），那么理想带限内插所重建的信号，就会是混叠失真了的原信号。

采样定理的重要性还在于它在连续时间信号和离散时间信号之间所起的桥梁作用。由于数字技术的急剧发展，在很多方面，离散时间信号的处理更灵活方便些，往往比处理连续时间信号更为可取。我们根据采样的概念可以想到一种广泛使用的方法，就是利用离散时间系统技术来实现连续时间系统并处理连续时间信号：可以利用采样先把一个连续时间信号变换为一个离散时间信号，再用一个离散时间系统将该离散时间信号进行处理，之后再把它变换回到连续时间中（图 1-26）。

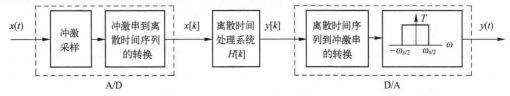

图 1-26　连续时间系统的离散时间处理框图

2. 实验说明

由于冲激信号是理想的，在实际实现中，一般由较窄的信号脉冲近似代替采样冲激串，并且低通滤波器是近似理想的。本实验框图如图 1-27 所示。

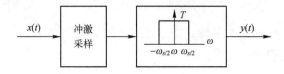

图 1-27 实验框图

本实验主要分别观测自然采样和零阶保持采样，以及滤波恢复效果。其中，自然采样功能由采样定理及滤波器模块 S3 完成。零阶保持采样功能由数字信号处理模块 S4 完成。

四、实验步骤

1. 自然采样及恢复效果的观测

（1）设置模块 S2，使模拟输出端口 P2 输出幅度为 2V、频率为 1kHz 的正弦波。

（2）将模块 S2 的模拟信号源端口 P2 连接至模块 S3 的连续信号输入端口 P17。

（3）将模块 S2 的时钟输出端口 P5 连接至模块 S3 的外部开关信号输入端口 P18。

（4）连接模块 S2 的 P20 和 P19。

（5）将模块 S3 的开关 S2 拨至"同步采样"。

（6）用示波器分别观测模块 S3 的连续信号输入测试点 TP7 和采样信号输出测试点 TP20，依次调整模块 S2 的按键 S7 设置时钟频率，观察并记录各采样时钟频率下的采样输出信号波形，填入表 1-7 中。

表 1-7

采样时钟频率	TP7 连续信号输入波形	TP20 采样输出信号波形
1kHz		
2kHz		
4kHz		
8kHz		

（7）再用示波器分别观测模块 S3 的连续信号输入测试点 TP7 和恢复信号输出测试点 TP22，对比观测各采样时钟频率条件下的信号恢复情况，完成表 1-8。

表 1-8

采样时钟频率	TP7 连续信号输入波形	TP22 采样输出信号波形
1kHz		
2kHz		
4kHz		
8kHz		

2. 零阶保持采样观测

（1）将模块 S2 的模拟输出端口 P2 连接至模块 S4 的 AD 输入端口 TH11。

（2）旋转模块 S4 的功能旋钮 ROL1，选择"采样"实验功能，再短按 ROL1 进入该实验的参数设置界面。

（3）用示波器分别接模块 S2 的 P2 和模块 S4 的 TH1（TP1），即分别观测原始信号和零阶保持采样输出信号。

（4）单击模块 S4 的按键 K1（或 K2），依次设置不同的采样率，并观测记录不同条件下的采样输出波形。

五、实验报告

整理实验波形和数据，填写实验表格。

1.7 数字滤波器

一、实验目的

（1）了解数字滤波器的实现原理。
（2）观测数字滤波器的幅频特性。

二、实验仪器

（1）数字信号处理模块 S4　　　　　　　　　　1 块
（2）信号源及频率计模块 S2　　　　　　　　　1 块
（3）双踪示波器　　　　　　　　　　　　　　1 台

三、实验原理

由于大规模集成电路和电子计算机技术迅猛发展，滤波器可以采用一个离散时间系统进行实现。数字滤波的概念与模拟滤波相同，只是信号的形式和实现方法不同。数字滤波器是对数字信号进行滤波处理以得到期望的响应特性的离散时间系统。数字滤波器具有高精度、高可靠性、可程控改变特性或复用、便于集成等优点。数字滤波器在语言信号处理、图像信号处理、医学生物信号处理以及其他应用领域都得到了广泛应用。若要处理的是模拟信号，可以通过 ADC 和 DAC 进行信号形式匹配转换，这样就可以用数字滤波器对模拟信号进行滤波处理。

实现一个数字滤波器需要几种基本的运算单元：加法器、单位延时器和常数乘法器。数字滤波器的结构极为重要，对于同一数字滤波器，采用不同结构所需的存储单元和乘法次数也不相同。存储单元的数量将影响数字滤波器的复杂性，乘法次数将影响数字滤波器的运算速度。在有限精度（有限字长）情况下，不同结构的误差、稳定性也不相同。

IIR 数字滤波器有以下几个特点：

（1）系统的单位脉冲响应 $h(n)$ 是无限长的。
（2）系统函数 $H(z)$ 在有限 z 平面 $(0<|z|<+\infty)$ 上存在极点。

（3）存在着输出到输入的反馈，结构上是递归型的。

这3个特点在本质上是一致相通的。

IIR 数字滤波器的系统函数为

$$H(z)=\frac{\sum_{k=0}^{M}b_k z^{-k}}{1-\sum_{k=1}^{N}a_k z^{-k}}=\frac{Y(z)}{X(z)} \tag{1-17}$$

式中：系数 a_k 表明在有限 z 平面上存在极点。

IIR 数字滤波器的差分方程为

$$y(n)=\sum_{k=1}^{N}a_k y(n-k)+\sum_{k=0}^{M}b_k x(n-k) \tag{1-18}$$

式中：系数 a_k 表明存在输出到输入的反馈。

但是同一种 IIR 系统函数可以有多种不同的结构，主要有直接 I 型、直接 II 型、级联型和并联型四种。

FIR 数字滤波器有以下几个特点：

（1）系统的单位脉冲响应 $h(n)$ 仅在有限个 n 值处不为 0。

（2）系统函数 $H(z)$ 在有限 z 平面 $(0<|z|<+\infty)$ 上不存在极点。

（3）不存在输出到输入的反馈，结构上主要是非递归型结构，但有些结构中也包含递归部分。

假设 FIR 数字滤波器的单位脉冲响应 $h(t)$ 为一个 N 点序列，$0 \leqslant N \leqslant n-1$，则系统函数为

$$H(z)=\sum_{n=0}^{N-1}h(n)z^{-n} \tag{1-19}$$

说明该系统由 N-1 阶极点在 z=0 处，由 N-1 个零点位于 z 平面。

FIR 数字滤波器有直接型、级联型、线性相位型、快速卷积型和频率采样型等结构。

四、实验步骤

（1）调节模块 S2 使 P2 端口输出频率为 500Hz、幅度为 2V 的正弦波。

（2）连接模块 S2 的 P2 和模块 S4 的 TH11。

（3）旋转模块 S4 的功能旋钮 ROL1，选择"数字滤波器"实验功能，再短按 ROL1 进入该实验的参数设置界面。

（4）再点击模块 S4 的按键 K1（或 K2），将截止频率设置为"1kHz"。用示波器探头分别接模块 S4 的测试点 TP11 和测试点 TH1（TP1）。

（5）自行调节信号源的输出频率，观测并记录输出信号的幅频数据，填入表 1-9 中（注：建议改变频率时应选择合适的频率步进，建议实验中选取多个频率点进行测量以便能够更好地找出截止频率点）。

表 1-9

v_i(V)	2	2	2	2	2	2	2	2	2	2
f(Hz)										
v_o(V)										
截止频率										

（6）根据数据表，画出该 1kHz 低通滤波器的幅频特性曲线。
（7）参考上述步骤，再单击模块 S4 的按键 K1（或 K2），改变滤波器的截止频率，并观测滤波器的幅频特性。

五、实验报告

记录测试数据，并画出滤波器的幅频特性曲线。

1.8 有源、无源滤波器

一、实验目的

（1）熟悉滤波器的构成及其特性。
（2）学会测量滤波器幅频特性的方法。

二、实验仪器

（1）采样定理及滤波器模块 S3　　　　　　　1 块
（2）信号源及频率计模块 S2　　　　　　　　1 块
（3）双踪示波器　　　　　　　　　　　　　　1 台

三、实验原理

1. 滤波电路的概念

滤波器是一种能使有用频率信号通过而同时抑制无用频率信号的电子装置。工程上常用它作信号处理、数据传送和抑制干扰等。这里主要是讨论模拟滤波器，以往这种滤波电路主要由无源元件 R、L 和 C 组成。20 世纪 60 年代以来，集成运放获得了迅速发展，由它和 R、C 组成的有源滤波电路，具有不用电感、体积小、重量轻等优点。此外，由于集成运放的开环电压增益和输入阻抗均很高，输出阻抗又低，构成有源滤波电路后还具有一定的电压放大和缓冲作用。但是，集成运放的带宽有限，所以目前有源滤波电路的工作频率难以做得很高，这是它的不足之处。

滤波电路的一般结构如图 1-28 所示。图中的 $v_i(t)$ 表示输入信号，$v_o(t)$ 为输出信号。假设滤波器是一个线性时不变网络，则在复频域内有

$$A(s) = v_o(s) / v_i(s) \qquad (1-20)$$

式中：$A(s)$ 是滤波电路的电压传递函数，一般为复数。对于实际频率来说（$s=j\omega$）则有

$$A(j\omega) = |A(j\omega)|e^{j\varphi(\omega)} \tag{1-21}$$

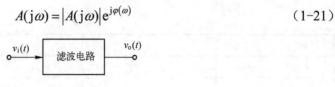

图 1-28 滤波电路的一般结构

其中，$|A(j\omega)|$ 为传递函数的模，$\varphi(\omega)$ 为其相位角。

二阶 RC 滤波器的传输函数如表 1-10 所示。

表 1-10 二阶 RC 滤波器的传输函数

类型	传输函数	备注
二阶低通	$A(s) = \dfrac{A_V \omega_c}{s^2 + \dfrac{\omega_c}{Q}s + \omega_c^2}$	
二阶高通	$A(s) = \dfrac{A_V s^2}{s^2 + \dfrac{\omega_c}{Q}s + \omega_c^2}$	A_V——电压增益 ω_c——低通、高通滤波器的截止角频率 ω_o——带通、带阻滤波器的中心角频率 Q——品质因数，$Q \approx \omega_o / BW$ 或 f_o / BW（当 $BW \ll \omega_o$ 时） BW——带通、带阻滤波器的带宽
二阶带通	$A(s) = \dfrac{A_V \dfrac{\omega_o}{Q}s}{s^2 + \dfrac{\omega_o}{Q}s + \omega_o^2}$	
二阶带阻	$A(s) = \dfrac{A_V(s^2 + \omega_o^2)}{s^2 + \dfrac{\omega_o}{Q}s + \omega_o^2}$	

此外，在滤波电路中关心的另一个量是时延 $\tau(\omega)$，它定义为

$$\tau(\omega) = -\dfrac{d\varphi(\omega)}{d\omega} \tag{1-22}$$

通常用幅频响应来表征一个滤波电路的特性，欲使信号通过滤波器的失真很小，则相位和时延响应亦需考虑。当相位响应 $\varphi(\omega)$ 做线性变化，即时延响应 $\tau(\omega)$ 为常数时，输出信号才可能避免失真。

2. 滤波电路的分类

对于幅频响应，通常把能够通过的信号频率范围定义为通带，而把受阻或衰减的信号频率范围称为阻带，通带和阻带的界限频率叫作截止频率 f_c。

理想滤波电路在通带内应具有零衰减的幅频响应和线性的相位响应，而在阻带内应具有无限大的幅度衰减（$|A(j\omega)| = 0$）。通常通带和阻带的相互位置不同，滤波电路通常按频率特性可分为以下几类：

（1）低通滤波电路（LPF）。其幅频响应如图 1-29（a）所示，图中 A_o 表示低频增益 $|A|$ 的幅值。由图可知，它的功能是通过从零到某一截止角频率 ω_H 的低频信号，而对大于 ω_H 的所有频率完全衰减，因此其带宽 $BW = \omega_H$。

（2）高通滤波电路（HPF）。其幅频响应如图 1-29（b）所示，图中可以看到，在 $0 < \omega < \omega_L$ 范围内的频率为阻带，高于 ω_L 的频率为通带。从理论上来说，它的带宽 $BW = \infty$，但实际上，由于受有源器件带宽的限制，高通滤波电路的带宽也是有限的。

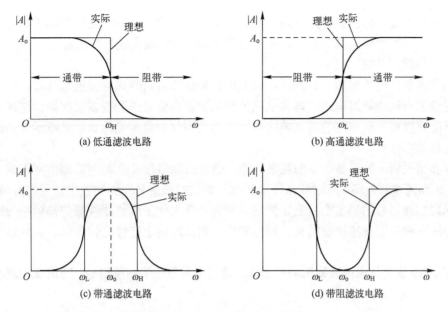

图 1-29 各种滤波电路的幅频响应

(3) 带通滤波电路（BPF）。其幅频响应如图 1-29（c）所示，图中 ω_L 为低边截止角频率，ω_H 为高边截止角频率，ω_o 为中心角频率。它有两个阻带：$0<\omega<\omega_L$ 和 $\omega>\omega_H$，因此带宽 $BW=\omega_H-\omega_L$。

(4) 带阻滤波电路（BSF）。其幅频响应如图 1-29（d）所示，由图可知，它有两个通带：$0<\omega<\omega_L$ 和 $\omega>\omega_H$，以及一个阻带：$\omega_L<\omega<\omega_H$。因此它的功能是衰减 ω_L 到 ω_H 间的信号。同高通滤波电路相似，由于受有源器件带宽的限制，通带 $\omega>\omega_H$ 也是有限的。带阻滤波电路抑制频带中点所在角频率 ω_o 也叫中心角频率。

3. 实验电路的滤波器参数

模块 S3 上的滤波器截止频率如下：（注：由于元器件自身因素，会影响截止频率的精度，所以在实验实测时允许有误差）

(1) 无源低通滤波器 FL=20kHz；有源低通滤波器 FL=17kHz。

(2) 无源高通滤波器 FH=14.5kHz；有源高通滤波器 FH=14.5kHz。

(3) 无源带通滤波器 FL=1.3kHz、FH=18.5kHz；有源带通滤波器 FL=2.4kHz、FH=20.8kHz。

(4) 无源带阻滤波器 FL=4.1kHz、FH=65.2kHz；有源带阻滤波器 FL=6.5kHz、FH=38kHz。

4. 滤波器的幅频特性观测方法说明

通常我们观测滤波器的幅频特性，一般可以采用逐点测量法和扫频测量法。

(1) 逐点测量法。

逐点测量法又称为点频法。通常是选择正弦波作为信号源，并固定正弦波的输出幅度，接入滤波器的输入端口；用示波器分别观测滤波器的输入端口和输出端口，通过不断改变正弦波的输出频率，记录滤波器输出端口的信号幅度变化情况，从而得到滤波器的幅频响应数据表，再根据数据表可以画出滤波器的幅频响应曲线，最后根据数据表和响应曲线找出滤波器的截止频率点。在实际测量过程中，一般需要根据幅度变化趋势，合理选取信号源的输出频率点，以便更容易画出幅频响应曲线和找出截止频率点。

（2）扫频测量法。

扫频测量法简称扫频法。通常可以利用扫频仪或者自带跟踪源的频谱仪，将仪器提供的扫频信号送给待测电路，再将电路处理后的输出信号送到仪器接收端，这样仪器屏幕上就能直接观测到电路的幅频响应曲线，再利用仪表自带光标和测量指示等功能就可以找出具体指标点。

本实验采用一种简易折中的观察方法，是将扫频信号（模块 S2 提供周期重复的疏密波）送到滤波器电路，用示波器分别观测原始的扫频信号和滤波输出信号的时域波形，通过观察扫频信号的幅度衰减变化情况，从而可以大体了解该滤波器的幅频响应特性。这种方法不考虑测量滤波器的具体指标参数，但从时域上能够比较简单、直观地看出滤波效果。

图 1-30 是某低通滤波器的测量效果。通道 1 为原始的扫频信号，通道 2 为滤波输出信号。

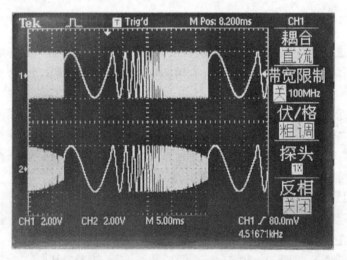

图 1-30　扫频信号及其经过低通滤波处理的时域波形

设置模块 S2 输出扫频信号源的具体方法：模块开电后，将模块 S2 中扫频开关 S3 拨至"ON"，即开启扫频源功能。此时"上限"指示灯亮，可通过"ROL1"旋钮改变扫描频率的终止点（最高频率），比如此时设为 25kHz，频率值在数码管上显示。单击"扫频设置 S5"按键，此时"下限"指示灯亮，可通过"ROL1"旋钮改变扫描频率的起始点（最低频率），比如此时设为 100Hz，频率值在数码管上显示；再单击"扫频设置 S5"按键，此时"分辨率"指示灯亮，调节"ROL1"来设置"下限频率"和"上限频率"之间的频点数，比如此时设为 100。一般而言，频点数越少，扫频速度越快；反之，扫频速度越慢。

四、实验步骤

实验中信号源的输入信号均为 4V 左右的正弦波。设置模块 S2：按下波形切换 S4，

使 "SIN" 指示灯亮，调节 "模拟输出幅度调节" 旋钮，使信号幅度为 4V。

1. 测量低通滤波器的频响特性

（1）用逐点法测量。

① 连接模块 S2 的模拟信号输出端 P2 与模块 S3 的 P1（低通无源），保持输入信号幅度为 4V 不变（图 1-31）。

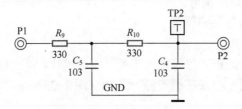

图 1-31　无源低通滤波器

② 逐渐改变输入信号频率，并用示波器观测 TP2 处信号波形的峰峰值。将数据填入表 1-11 中。

表 1-11

v_i/V	4	4	4	4	4	4	4	4	4	4
f/Hz										
v_o/V										
截止频率										

③ 连接模块 S2 的模拟信号输出端 P2 与模块 S3 的 P5（低通有源）（图 1-32）。

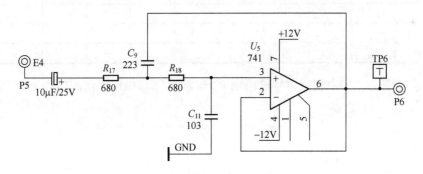

图 1-32　有源低通滤波器

④ 逐渐改变输入信号频率，并用示波器观测 TP6 处信号波形的峰峰值。将数据填入表 1-12 中。

表 1-12

v_i/V	4	4	4	4	4	4	4	4	4	4
f/Hz										
v_o/V										
截止频率										

（2）用扫频法测量。

① 设置模块 S2，使 P2 端口输出扫频信号源，扫频源的输出频率范围设置为 100Hz～25kHz。

② 把示波器连接到模块 S2 的 P2 端口（示波器调为直流测试挡）。

③ 分别把模块 S2 中 P2 输出的扫频信号接入模块 S3 中低通滤波器的输入端 P1 和 P5，对比观察输入和输出信号。

2. 测量高通滤波器的频响特性

（1）用逐点法测量。

① 保持信号源输出的正弦信号幅度不变，连接模块 S2 中模拟信号源部分 P2 与模块 S3 中模拟滤波器中的 P3（高通无源）端口（图 1-33）。

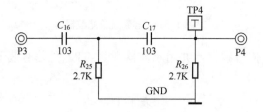

图 1-33 高通无源滤波器

② 逐渐改变输入信号频率，并用示波器观测 TP4 处信号波形的峰峰值。将数据填入表 1-13 中。

表 1-13

v_i/V	4	4	4	4	4	4	4	4	4	4
f/Hz										
v_o/V										
截止频率										

③ 连接模块 S2 中模拟信号输出端 P2 与模块 S3 中模拟滤波器的 P7（高通有源）（图 1-34）。

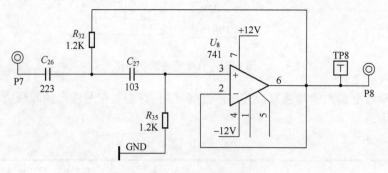

图 1-34 高通有源滤波器

④ 逐渐改变输入信号频率，并用示波器观测 TP8 处信号波形的峰峰值。将数据填入表 1-14 中。

表 1-14

v_i/V	4	4	4	4	4	4	4	4	4	4
f/Hz										
v_o/V										
截止频率										

（2）用扫频法测量。

把扫频范围为 100Hz～25kHz 的扫频信号输入高通滤波器的输入端，对比观察输入和输出信号。

3. 测量带通滤波器的频响特性

（1）用逐点法测量。

① 保持信号源输出的正弦信号幅度不变，连接模块 S2 中 P2 与模块 S3 中模拟滤波器中的 P9（带通无源）（图 1-35）。

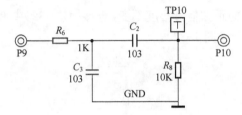

图 1-35 带通无源滤波器

② 逐渐改变输入信号频率，并用示波器观测 TP10 处信号波形的峰峰值。将数据填入表 1-15 中。

表 1-15

v_i/V	4	4	4	4	4	4	4	4	4	4
f/Hz										
v_o/V										
截止频率										

③ 保持信号源输出的正弦波幅度为 4V 不变，连接模块 S2 中 P2 与模块 S3 中模拟滤波器中的 P13（带通有源）（图 1-36）。

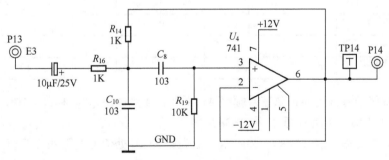

图 1-36 带通有源滤波器

④ 逐渐改变输入信号频率,并用示波器观测 TP14 处信号波形的峰峰值。将数据填入表 1-16 中。

表 1-16

v_i/V	4	4	4	4	4	4	4	4	4	4
f/Hz										
v_o/V										
截止频率										

(2)用扫频法测量。

把扫频范围为 100Hz～25kHz 的扫频信号输入带通滤波器的输入端,对比观察输入和输出信号。

4. 测量带阻滤波器的频响特性

(1)用逐点法测量。

① 保持信号源输出的正弦信号幅度不变,连接模块 S2 中 P2 与模块 S3 中模拟滤波器中的 P11(带阻无源)(图 1-37)。

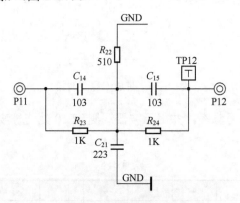

图 1-37 带阻无源滤波器

② 逐渐改变输入信号频率,并用示波器观测 TP12 处信号波形的峰峰值。将数据填入表 1-17 中。

表 1-17

v_i/V	4	4	4	4	4	4	4	4	4	4
f/Hz										
v_o/V										
截止频率										

③ 保持信号源输出的正弦信号幅度 4V 不变,连接模块 S2 中 P2 与模块 S3 中模拟滤波器中的 P15(带阻有源)(图 1-38)。

④ 逐渐改变输入信号频率,并用示波器观测 TP16 处信号波形的峰峰值。将数据填入表 1-18 中。

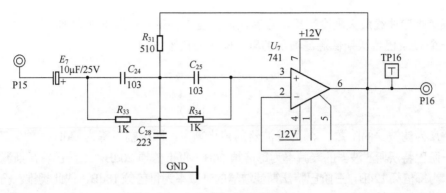

图 1-38 带阻有源滤波器

表 1-18

v_i/V	4	4	4	4	4	4	4	4	4	4
f/Hz										
v_o/V										
截止频率										

（2）用扫频法测量。

把扫频范围为 100Hz～80kHz 的扫频信号输入带阻滤波器的输入端，对比观察输入和输出信号。

五、实验报告

整理实验数据，并绘制各个滤波器的幅频响应曲线。

1.9 巴特沃斯和切比雪夫滤波器幅频特性测试

一、实验目的

（1）了解切比雪夫低通滤波器与巴特沃斯低通滤波器的幅频特性差异。
（2）了解不同阶数巴特沃斯高通滤波器的幅频特性差异，了解滤波器阶数的影响。

二、实验仪器

（1）滤波器模块 S12   1 块
（2）信号源及频率计模块 S2   1 块
（3）双踪示波器   1 台

三、实验原理

1. 巴特沃斯滤波器

巴特沃斯滤波器是滤波器的一种设计分类，类同于切比雪夫滤波器，它有高通、低通、带通、带阻等多种滤波器。巴特沃斯滤波器又称最大平坦滤波器，其特点是通频带内的频率响应曲线最大限度平坦,没有纹波;在阻频带,逐渐下降为零。

一个 N 阶巴特沃斯低通滤波器的频率响应的模平方为

$$|H(j\omega)|^2 = \frac{1}{\left(\dfrac{j\omega}{j\omega_c}\right)^{2N}} \qquad (1-23)$$

式中:N 为滤波器的阶数;ω_c 为滤波器的截止频率,即振幅下降为-3dB 时的频率。

一阶巴特沃斯滤波器的衰减率为每倍频 6dB,每十倍频 20dB。二阶巴特沃斯滤波器的衰减率为每倍频 12dB,三阶巴特沃斯滤波器的衰减率为每倍频 18dB,依此类推。巴特沃斯滤波器的振幅对角频率单调下降,并且是唯一的无论阶数、振幅对角频率曲线都保持同样形状的滤波器。滤波器阶数越高,在阻频带振幅衰减速度越快,其幅频特性越好(图 1-39)。

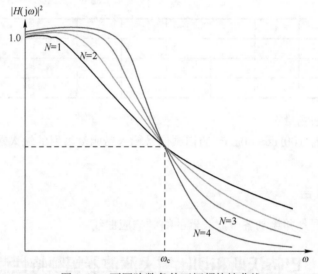

图 1-39　不同阶数条件下幅频特性曲线

2. 切比雪夫滤波器

切比雪夫滤波器是在通带或阻带上频率响应幅度等波纹波动的滤波器。根据振幅波动位置的不同,分为两种类型。

(1)切比雪夫Ⅰ型滤波器:在通频带内是等波纹波动,在阻带内是平坦的(图 1-40)。

(2)切比雪夫Ⅱ型滤波器:在通频带内是平坦的,在阻带内是等波纹波动的(图 1-41)。

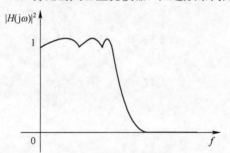 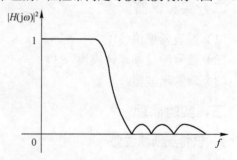

图 1-40　切比雪夫Ⅰ型滤波器的幅频特性　　图 1-41　切比雪夫Ⅱ型滤波器的幅频特性

切比雪夫滤波器在过渡带比巴特沃斯滤波器的衰减快,但频率响应的幅频特性不如后者平坦。切比雪夫滤波器和理想滤波器的频率响应曲线之间的误差最小,但是在通频带内存在幅度波动。

四、实验步骤

1. 4阶切比雪夫低通滤波器的幅频特性测试

(1) 用逐点法测量。

① 设置模块 S2,使模拟输出端口输出幅度2V 的正弦波。

② 连接模块 S2 的模拟输出端口和模块 S12 的 TH1(LPF-IN)端口。

③ 将示波器探头接模块 S12 的 TH2(LPF-OUT)端口。

④ 调节信号源的输出频率,从 100Hz 逐渐增大至 2.5kHz,并观测和记录输出信号的幅频数据,填入表 1-19 中(注:建议改变频率时应选择合适的频率步进,建议实验中选取多个频率点进行测量以便能够更好地找出截止频率点)。

⑤ 再根据数据表,找出该滤波器的截止频率。

表 1-19

v_i/V	2	2	2	2	2	2	2	2	2	2
f/Hz										
v_o/V										
截止频率										

(2) 用扫频法测量(选做)。

① 保持上述连线不变。

② 将模块 S2 的扫频开关 S3 拨至"ON",即开启扫频源功能。再将扫频源的上限设为 2.5kHz,下限设为 100Hz,分辨率设为 100。

③ 用示波器对比观测模块 S2 的模拟输出和模块 S12 的 TH2(LPF-OUT)的波形。

2. 4阶巴特沃斯低通滤波器的幅频特性测试

(1) 用逐点法测量。

① 设置模块 S2,使模拟输出端口输出幅度2V 的正弦波。

② 连接模块 S2 的模拟输出端口和模块 S12 的 TH3(LPF-IN)端口。

③ 将示波器探头接模块 S12 的 TH4(LPF-OUT)端口。

④ 调节信号源的输出频率,从 100Hz 逐渐增大至 2.5kHz,并观测和记录输出信号的幅频数据,填入表 1-20 中(注:建议改变频率时应选择合适的频率步进,建议实验中选取多个频率点进行测量以便能够更好地找出截止频率点)。

⑤ 再根据数据表,找出该滤波器的截止频率。

表 1-20

v_i/V	2	2	2	2	2	2	2	2	2	2
f/Hz										
v_o/V										
截止频率										

（2）用扫频法测量（选做）。

① 保持上述连线不变。

② 将模块 S2 的扫频开关 S3 拨至"ON"，即开启扫频源功能。再将扫频源的上限设为 2.5kHz，下限设为 100Hz，分辨率设为 100。

③ 用示波器对比观测模块 S2 的模拟输出和模块 S12 的 TH4(LPF-OUT)的波形。

3. 4 阶巴特沃斯高通滤波器的幅频特性测试

（1）用逐点法测量。

① 设置模块 S2，使模拟输出端口输出幅度 2V 的正弦波。

② 连接模块 S2 的模拟输出端口和模块 S12 的 TH5(HPF-IN)端口。

③ 将示波器探头接模块 S12 的 TH6(HPF-OUT)端口。

④ 调节信号源的输出频率，从 100Hz 逐渐增大至 2.5kHz，并观测和记录输出信号的幅频数据，填入表 1-21 中（注：建议改变频率时应选择合适的频率步进，建议实验中选取多个频率点进行测量以便能够更好地找出截止频率点）。

⑤ 再根据数据表，找出该滤波器的截止频率。

表 1-21

v_i/V	2	2	2	2	2	2	2	2	2	2
f/Hz										
v_o/V										
截止频率										

（2）用扫频法测量（选做）。

① 保持上述连线不变。

② 将模块 S2 的扫频开关 S3 拨至"ON"，即开启扫频源功能。再将扫频源的上限设为 2.5kHz，下限设为 100Hz，分辨率设为 100。

③ 用示波器对比观测模块 S2 的模拟输出和模块 S12 的 TH6(HPF-OUT)的波形。

4. 8 阶巴特沃斯高通滤波器的幅频特性测试

（1）用逐点法测量。

① 设置模块 S2，使模拟输出端口输出幅度为 2V 的正弦波。

② 连接模块 S2 的模拟输出端口和模块 S12 的 TH7(HPF-IN)端口。

③ 将示波器探头接模块 S12 的 TH8(HPF-OUT)端口。

④ 调节信号源的输出频率，从 100Hz 逐渐增大至 2.5kHz，并观测和记录输出信号的幅频数据，填入表 1-22 中（注：建议改变频率时应选择合适的频率步进，建议实验中选取多个频率点进行测量以便能够更好地找出截止频率点）。

表 1-22

v_i/V	2	2	2	2	2	2	2	2	2	2
f/Hz										
v_o/V										
截止频率										

⑤ 再根据数据表，找出该滤波器的截止频率。
（2）用扫频法测量。
① 保持上述连线不变。
② 将模块 S2 的扫频开关 S3 拨至"ON"，即开启扫频源功能。再将扫频源的上限设为 2.5kHz，下限设为 100Hz，分辨率设为 100。
③ 用示波器对比观测模块 S2 的模拟输出和模块 S12 的 TH8(HPF-OUT)的波形。

五、实验报告

（1）按照实验步骤要求，观测并记录实验数据。
（2）简述 4 阶切比雪夫低通滤波器与 4 阶巴特沃斯低通滤波器的区别。
（3）简述巴特沃斯高通滤波器中，阶数对其幅频响应特性的影响。

1.10 连续时间系统的模拟

一、实验目的

（1）了解基本运算器——比例放大器、加法器和积分器的电路结构和运算功能。
（2）掌握用基本运算单元模拟连续时间系统的基本方法。

二、实验仪器

（1）信号合成及基本运算单元模块 S9　　　　　1 块
（2）信号源及频率计模块 S2　　　　　　　　　1 块
（3）电压表及直流信号源模块 S1　　　　　　　1 块
（4）双踪示波器　　　　　　　　　　　　　　　1 台
（5）数字万用表　　　　　　　　　　　　　　　1 个

三、实验原理

1. 线性系统的模拟

系统的模拟就是用由基本运算单元组成的模拟装置来模拟实际的系统。这些实际系统可以是电的或非电的物理量系统，也可以是社会、经济和军事等非物理量系统。模拟装置可以与实际系统的内容完全不同，但是两者的微分方程完全相同，输入、输出关系即传输函数也完全相同。模拟装置的激励和响应是电物理量，而实际系统的激励和响应不一定是电物理量，但它们之间的关系是一一对应的。所以，可以通过对模拟装置的研究来分析实际系统，最终达到一定条件下确定最佳参数的目的。

本实验所说的系统的模拟就是由基本的运算单元（放大器、加法器，积分器等）组成的模拟装置，用来模拟实际系统传输特性。

2. 三种基本运算电路

（1）比例放大器，如图 1-42 所示。

$$u_0 = -\frac{R_2}{R_1} \cdot u_1 \tag{1-24}$$

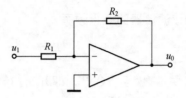

图 1-42　比例放大电路连线示意图

（2）加法器，如图 1-43 所示。

$$u_0 = -\frac{R_2}{R_1}(u_1 + u_2) \tag{1-25}$$

（3）积分器，如图 1-44 所示。

$$u_0 = -\frac{1}{RC}\int u_1 \mathrm{d}t \tag{1-26}$$

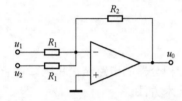
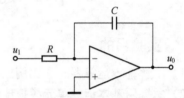

图 1-43　加法器电路连线示意图　　　　图 1-44　积分器电路连接示意图

3. 一阶系统的模拟

如图 1-45（a），它是一阶 RC 电路，可用以下方程描述：

$$\frac{\mathrm{d}y(t)}{\mathrm{d}t} + \frac{1}{RC}y(t) = \frac{1}{RC}x(t) \tag{1-27}$$

其模拟框图如图 1-45（b）、（c）。图（b）和图（c）在数学关系上是等效的。

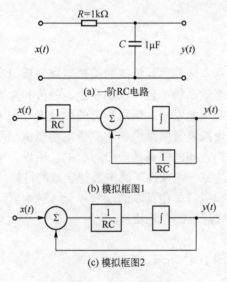

图 1-45　一阶系统的模拟

四、实验步骤

1. 加法器的观测

(1) 请如图 1-46 所示,在模块 S9 上选择合适的元器件,搭建实验电路。

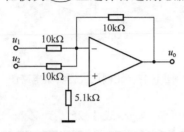

图 1-46 加法器实验电路图

(2) 调节模块 S1 的旋钮 W1 和 W2,使直流输出 1 端口的输出电压为 2V,直流输出 2 端口的输出电压为 1V。

(3) 将模块 S1 直流输出 1 和直流输出 2 分别接至加法器电路的 u_1 端和 u_2 端。

(4) 用电压表测量并记录加法器电路的 u_o 端电压,验证反相加法器的输出电压是否为两路输入电压之和再取反。

(5) 再自行改变直流输出 1 和直流输出 2 的输出电压,并测量加法器输出电压,整理数据,填入表 1-23 中。

表 1-23

输入一 (u_1)		输入二 (u_2)		输出 (u_o)	
电压/V	波形	电压/V	波形	电压/V	波形

(6) 尝试设置模块 S2 使模拟输出为幅度 2V、频率 500Hz 的方波,并替换加法器 u_1 端的输入信号,再观测并记录输入和输出端口的波形。整理数据,填入表 1-24 中。

表 1-24

输入一 (u_1)		输入二 (u_2)		输出 (u_o)	
电压/V	波形	电压/V	波形	电压/V	波形

注:有兴趣的同学可以自行改变电路连线,设计一个同相加法器,再进行测试验证。

2. 比例放大器的观测

(1) 请如图 1-47 所示,在模块 S9 上选择合适的元器件,搭建实验电路。

(2) 设置模块 S2 使模拟输出为幅度 1V、频率 1kHz 的正弦波,接入放大器 u_i 端,并观测并记录放大器的输入和输出端口的波形。

(3) 自行改变放大器 R_1 和 R_2 的比例关系,并测试和记录输入和输出信号。整理数据,填入表 1-25 中。

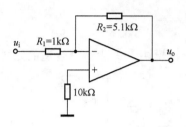

图 1-47 比例放大器实验电路图

表 1-25

电阻		输入信号		输出信号	
		电压/V	波形	电压/V	波形
①	R_1=1kΩ				
	R_2=5.1kΩ				
②	R_1=				
	R_2=				

3. 积分器的观测

(1) 请如图 1-48 所示,在模块 S9 上选择合适的元器件,搭建实验电路(注:20kΩ 的电阻,可用两个 10kΩ 的电路串联代替)。

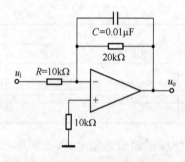

图 1-48 积分器实验电路图

(2) 设置模块 S2 使模拟输出为幅度 1V、频率 1kHz 的方波,接入积分器 u_i 端,观测并记录放大器的输入和输出端口的波形。整理数据,填入表 1-26 中。

表 1-26

输入信号波形	输出信号波形

4. 一阶 RC 电路的模拟(选做)

(1) 请如图 1-49 所示,在模块 S9 上选择合适的元器件,搭建实验电路。

(2) 设置模块 S2 使模拟输出为幅度 2V、频率 1kHz 的方波,接入一阶 RC 电路 u_i 端,观测并记录放大器的输入和输出端口的波形。整理数据,填入表 1-27 中。

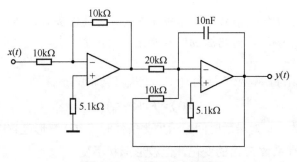

图 1-49　一阶 RC 电路图

表 1-27

输入信号波形	输出信号波形

五、实验报告

（1）准确绘制各基本运算器输入输出波形，标出峰峰电压及周期。
（2）绘制一阶模拟电路阶跃响应，标出峰峰电压及周期。

1.11　无失真传输系统

一、实验目的

（1）了解无失真传输的概念和条件。
（2）观测信号经过失真系统的响应波形。
（3）观测信号经过无失真系统的响应波形。

二、实验仪器

（1）一阶网络模块 S5　　　　　　　　　　　1 块
（2）信号源及频率计模块 S2　　　　　　　　1 块
（3）双踪示波器　　　　　　　　　　　　　1 台
（4）函数信号发生器（选）　　　　　　　　1 台

三、实验原理

1. 信号经过系统传输的失真现象

一般情况下，系统的响应波形和激励波形不相同，信号在传输过程中将产生失真。

线性系统引起的信号失真由两方面因素造成：一是系统对信号中各频率分量幅度产生不同程度的衰减，使响应各频率分量的相对幅度产生变化，引起幅度失真；二是系统对各频率分量产生的相移不与频率成正比，使响应的各频率分量在时间轴上的相对位置产生变化，引起相位失真。

线性系统的幅度失真与相位失真都不产生新的频率分量。而对于非线性系统，则由于其非线性特性对于所传输信号产生非线性失真,非线性失真可能产生新的频率分量。

所谓无失真是指响应信号与激励信号相比,只是大小与出现的时间不同,而无波形上的变化。

设激励信号为 $e(t)$,响应信号为 $r(t)$,无失真传输的条件是

$$r(t) = Ke(t-t_0) \tag{1-28}$$

式中:K 为一个常数;t_0 为滞后时间。满足此条件时,$r(t)$ 波形是 $e(t)$ 波形经 t_0 时间的滞后,虽然幅度方面有系数 K 倍的变化,但波形形状不变。

2. 实现无失真传输对系统函数 $H(j\omega)$ 的要求

要实现无失真传输,应对系统函数 $H(j\omega)$ 提出怎样的要求?

设 $r(t)$ 与 $e(t)$ 的傅里叶变换式分别为 $R(j\omega)$ 和 $E(j\omega)$。借助傅里叶变换延时定理,可写出

$$R(j\omega) = KE(j\omega)e^{-j\omega t_0}$$

此外还有

$$R(j\omega) = H(j\omega)E(j\omega)$$

所以,为满足无失真传输应有

$$H(j\omega) = Ke^{-j\omega t_0} \tag{1-29}$$

式(1-29)就是对于系统的频率响应特性提出的无失真传输条件。欲使信号在通过线性系统时不产生任何失真,必须在信号的全部频带内,要求系统频率响应的幅度特性是一个常数,相位特性是一条通过原点的直线(图1-50)。

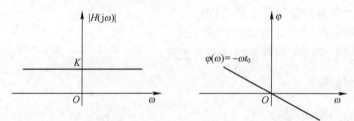

图1-50 无失真传输系统的幅度和相位特性

3. 本实验电路框图(原理采用示波器的衰减电路)

示波器衰减电路如图1-51所示。

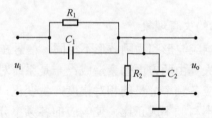

图1-51 示波器衰减电路

计算如下：

$$H(\mathrm{j}\omega)=\frac{u_\mathrm{o}(\mathrm{j}\omega)}{u_i(\mathrm{j}\omega)}=\frac{\dfrac{\dfrac{R_2}{\mathrm{j}\omega C_2}}{R_2+\dfrac{1}{\mathrm{j}\omega C_2}}}{\dfrac{\dfrac{R_1}{\mathrm{j}\omega C_1}}{R_1+\dfrac{1}{\mathrm{j}\omega C_1}}+\dfrac{\dfrac{R_2}{\mathrm{j}\omega C_2}}{R_2+\dfrac{1}{\mathrm{j}\omega C_2}}}=\frac{\dfrac{R_2}{1+\mathrm{j}\omega R_2 C_2}}{\dfrac{R_1}{1+\mathrm{j}\omega R_1 C_1}+\dfrac{R_2}{1+\mathrm{j}\omega R_2 C_2}} \quad (1-30)$$

如果 $R_1 C_1 = R_2 C_2$，则 $H(\mathrm{j}\omega)=\dfrac{R_2}{R_2+R_1}$ 是常数，$\varphi(\omega)=0$。

上式满足无失真传输条件。

四、实验步骤

（1）调节模块 S2 中频率调节旋钮"ROL1"、波形切换按键以及模拟输出幅度调节旋钮"W1"，使 P2 端口输出频率为 1kHz、幅度为 4V 的方波信号。

（2）连接模块 S2 的 P2 端口和模块 S5 无失真传输电路的 P15 端口。

（3）示波器一个通道接 TP16，另一个通道接 TP17，比较输入信号和输出信号的波形，观察是否失真，即信号的形状是否发生了变化，如果发生了变化，可以调节电位器"W2"，使输出与输入信号的形状一致（一般输出信号的幅度为输入信号的 1/2）。

（4）改变信号源（比如，将模块 S2 的 P2 输出信号改为三角波或者正弦波；或者可以从函数信号发生器引入信号，也可以从其他电路引入各种信号）。重复上述操作，观察信号传输情况。

五、实验报告

（1）绘制各种输入信号在失真传输条件下的激励和响应波形（至少三种）。

（2）绘制各种输入信号在无失真传输条件下的激励和响应波形（至少三种）。

1.12 二阶网络函数模拟

一、实验目的

（1）了解二阶网络函数的电路模型。

（2）了解求解系统响应的一种方法——模拟解法。

（3）研究系统参数变化对其输出响应的影响。

二、实验仪器

（1）二阶网络模块 S6　　　　　　　　　　　　1 块

（2）信号源及频率计模块 S2　　　　　　　　　1 块

（3）双踪示波器 　　　　　　　　　　　　　　　1 台
（4）数字万用表 　　　　　　　　　　　　　　　1 个

三、实验原理

1. 系统的模拟解

为了求解系统的响应，需建立系统的微分方程，一些实验系统的微分方程可能是一个高阶方程或者是一个微分方程组，它们的求解是很费时间甚至是困难的。由于描述各种不同系统（如电系统、机械系统）的微分方程有惊人的相似之处，故可以用电系统来模拟各种非电系统，并进一步用基本运算单元获得该实际系统响应的模拟解。这种装置又称为"电子模拟计算机"。应用它能较快地求解系统的微分方程，并能用示波器将求解结果显示出来。

在初学这一方法时，不妨以简单的二阶系统为例（本实验就是如此）。
其系统的微分方程为

$$y'' + a_1 y' + a_0 y = x \tag{1-31}$$

二阶网络函数框图如图 1-52 所示。

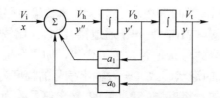

图 1-52　二阶网络函数框图

实验原理如图 1-53 所示。

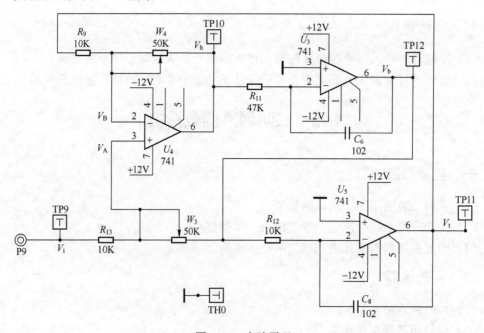

图 1-53　实验原理

44

测试点说明如下。

"V_i 或 P9 或 TP9":阶跃信号的输入。

"V_h 或 TP10":反映的是有两个零点的二阶系统,可以观察其阶跃响应的时域解。

"V_b 或 TP12":反映的是有一个零点的二阶系统,可以观察其阶跃响应的时域解。

"V_t 或 TP11":反映的是没有零点的二阶系统,可以观察其阶跃响应的时域解。

由模拟电路可得模拟方程组为

$$\begin{cases} \left(\dfrac{1}{R_{13}}+\dfrac{1}{{}^*W_3}\right)V_A - \left(\dfrac{1}{R_{13}}\right)V_i - \left(\dfrac{1}{{}^*W_3}\right)V_b = 0 \\ \left(\dfrac{1}{R_9}+\dfrac{1}{{}^*W_4}\right)V_B - \left(\dfrac{1}{R_9}\right)V_t - \left(\dfrac{1}{{}^*W_4}\right)V_h = 0 \\ V_A = V_B \\ V_t = -\int \dfrac{1}{R_{12}C_8}V_b \mathrm{d}t \\ V_b = -\int \dfrac{1}{R_{11}C_6}V_h \mathrm{d}t \end{cases} \quad (1\text{-}32)$$

式中:V_A 为运放 U_4 正向输入电压;V_B 为负向输入电压;${}^*W$ 表示电位器调节到某一阻值。要适当地选定模拟装置的元件参数,可使模拟方程和实际系统的微分方程完全相同。

上式可简化为

$$\begin{cases} \dfrac{{}^*W_4+R_9}{R_9 {}^*W_4 R_{13}} \cdot V_i = \dfrac{{}^*W_3+R_{13}}{R_{13}{}^*W_3 R_9} \cdot V_t + \dfrac{{}^*W_3+R_{13}}{R_{13}{}^*W_3 {}^*W_4} \cdot V_h - \dfrac{{}^*W_4+R_9}{R_9 {}^*W_4 {}^*W_3} \cdot V_b \\ V_t = -\dfrac{1}{R_{12}C_8}\int V_b \mathrm{d}t \\ V_b = -\dfrac{1}{R_{11}C_6}\int V_h \mathrm{d}t \end{cases} \quad (1\text{-}33)$$

即可得到 V_t、V_h、V_b 与 V_i 的关系:

$$\begin{cases} V_i = \dfrac{{}^*W_4({}^*W_3+R_{13})}{{}^*W_3({}^*W_4+R_9)} \cdot V_t + \dfrac{R_9({}^*W_3+R_{13})}{{}^*W_3({}^*W_4+R_9)} \cdot V_h - \dfrac{R_{13}}{{}^*W_3} \cdot V_b \\ -R_{12}C_8 \cdot \dfrac{\mathrm{d}V_t}{\mathrm{d}t} = V_b \\ -R_{11}C_6 \cdot \dfrac{\mathrm{d}V_b}{\mathrm{d}t} = V_h \end{cases} \quad (1\text{-}34)$$

2. 按照上述的参数对系统进行复频域的分析

设 $b_1 = \dfrac{{}^*W_4({}^*W_3+R_{13})}{{}^*W_3({}^*W_4+R_9)}$,$b_2 = \dfrac{R_9({}^*W_3+R_{13})}{{}^*W_3({}^*W_4+R_9)}$,$b_3 = \dfrac{R_{13}}{{}^*W_3}$,$c_1 = R_{12}C_8$,$c_2 = R_{11}C_6$,则 V_t、V_h、V_b 与 V_i 的关系可变化为

$$\begin{cases} V_\mathrm{i} = b_1 \cdot V_\mathrm{t} + b_2 \cdot V_\mathrm{h} - b_3 \cdot V_\mathrm{b} \\ -c_1 \cdot \dfrac{\mathrm{d}V_t}{\mathrm{d}t} = V_\mathrm{b} \\ -c_2 \cdot \dfrac{\mathrm{d}V_b}{\mathrm{d}t} = V_\mathrm{h} \end{cases} \quad (1\text{-}35)$$

将式（1-35）进行拉普拉斯变换，可得代数方程：

$$\begin{cases} V_\mathrm{i}(s) = b_1 \cdot V_\mathrm{t}(s) + b_2 \cdot V_\mathrm{h}(s) - b_3 \cdot V_\mathrm{b}(s) \\ -c_1 s \cdot V_\mathrm{t}(s) = V_\mathrm{b}(s) \\ -c_2 s \cdot V_\mathrm{b}(s) = V_\mathrm{h}(s) \end{cases} \quad (1\text{-}36)$$

由于实际系统响应的变化范围可能很大，持续时间可能很长，但是运算放大器输出电压是有一定限制的，大致在±10V之间。积分时间受RC元件数值限制也不能太长，因此要合理地选择变量的比例尺度 M_y 和时间的比例尺度 M_t，使得 $V_y = M_y y$，$t_M = M_t t$，式中 y 和 t 为实验系统方程中的变量和时间，V_y 和 t_M 为模拟方程中的变量和时间。在求解系统的微分方程及解时，需要了解系统的初始状态 $y(0)$ 和 $y'(0)$。

根据式（1-36）我们可以得到 $V_\mathrm{t}(s)$、$V_\mathrm{h}(s)$、$V_\mathrm{b}(s)$ 三者分别与 $V_\mathrm{i}(s)$ 之间的关系：

$$V_\mathrm{i}(s) = b_1 \cdot V_\mathrm{t}(s) + b_2 c_1 c_2 s^2 \cdot V_\mathrm{t}(s) + b_3 c_1 s \cdot V_\mathrm{t}(s) \quad (1\text{-}37)$$

$$V_\mathrm{i}(s) = \frac{b_1}{c_1 c_2 s^2} \cdot V_\mathrm{h}(s) + b_2 \cdot V_\mathrm{h}(s) + \frac{b_3}{c_2 s} \cdot V_\mathrm{h}(s) \quad (1\text{-}38)$$

$$V_\mathrm{i}(s) = -\frac{b_1}{c_1 s} \cdot V_\mathrm{b}(s) - b_2 c_2 s \cdot V_\mathrm{b}(s) - b_3 \cdot V_\mathrm{b}(s) \quad (1\text{-}39)$$

从而可得到下面三个二阶系统的传递函数：

（1）由式（1-37）可以得到反映无零点的传输函数（即低通函数，测试点为本二阶系统的输出端 V_t）：

$$\frac{V_\mathrm{t}(s)}{V_\mathrm{i}(s)} = \frac{1}{b_2 c_1 c_2 s^2 + b_3 c_1 s + b_1} \quad (1\text{-}40)$$

将 b_1、b_2、b_3、c_1、c_2 代入式（1-40）中，则有

$$\frac{V_\mathrm{t}(s)}{V_\mathrm{i}(s)} = \frac{\dfrac{{}^*W_3({}^*W_4 + R_9)}{R_9({}^*W_3 + R_{13})R_{12}C_8 R_{11}C_6}}{s^2 + \dfrac{R_{13}({}^*W_4 + R_9)}{R_9({}^*W_3 + R_{13})R_{11}C_6} \cdot s + \dfrac{{}^*W_4}{R_9 R_{12} C_8 R_{11} C_6}} \quad (1\text{-}41)$$

（2）由式（1-38）可以得到反映有两个零点的传输函数（即高通函数，测试点为本二阶系统的输出端 V_h）：

$$\frac{V_\mathrm{h}(s)}{V_\mathrm{i}(s)} = \frac{c_1 c_2 s^2}{b_2 c_1 c_2 s^2 + b_3 c_1 s + b_1} \quad (1\text{-}42)$$

将 b_1、b_2、b_3、c_1、c_2 代入式（1-42）中，则有

$$\frac{V_h(s)}{V_i(s)} = \frac{\frac{{}^*W_3({}^*W_4+R_9)}{R_9({}^*W_3+R_{13})}\cdot s^2}{s^2 + \frac{R_{13}({}^*W_4+R_9)}{R_9({}^*W_3+R_{13})R_{11}C_6}\cdot s + \frac{{}^*W_4}{R_9R_{12}C_8R_{11}C_6}} \quad (1\text{-}43a)$$

（3）由式（1-39）可以得到反映有一个零点的传输函数（即带通函数，测试点为本二阶系统的输出端 V_b）：

$$\frac{V_b(s)}{V_i(s)} = \frac{-c_1 s}{b_2c_1c_2s^2 + b_3c_1s + b_1}$$

将 b_1、b_2、b_3、c_1、c_2 代入式（1-43）中，则有

$$\frac{V_b(s)}{V_i(s)} = \frac{-\frac{{}^*W_3({}^*W_4+R_9)}{R_9({}^*W_3+R_{13})R_{11}C_6}\cdot s}{s^2 + \frac{R_{13}({}^*W_4+R_9)}{R_9({}^*W_3+R_{13})R_{11}C_6}\cdot s + \frac{{}^*W_4}{R_9R_{12}C_8R_{11}C_6}} \quad (1\text{-}43b)$$

3. 实际电路及系统响应

如图 1-53 所示，电位器 W_3 和 W_4 的阻值范围是 $0\sim 50\text{k}\Omega$。假设我们调节电位器 W_3 和 W_4，使 ${}^*W_3=10\text{k}\Omega$、${}^*W_4=10\text{k}\Omega$。

调节并测量 ${}^*W_3$ 阻值的具体方法是：关闭模块 S6 的电源。将万用表的表笔分别接模块 S6 的测试点 TP9 和 V_b(TP12)，并选择电阻测量挡，由电路图可知，此时万用表测量的是电阻 $R_{13}=10\text{k}\Omega$ 与电阻 ${}^*W_3$ 的阻值之和。再调节模块 S6 的电位器 W_3，使万用表测得显示值为 $20\text{k}\Omega$，则此时 ${}^*W_3$ 的阻值为 $10\text{k}\Omega$。

同理，调节并测量 ${}^*W_4$ 阻值的具体方法是：关闭模块 S6 的电源。将万用表的表笔分别接模块 S6 的测试点 V_h(TP10) 和 V_t(TP11)，并选择电阻测量挡，由电路图可知，此时万用表测量的是电阻 $R_9=10\text{k}\Omega$ 与电阻 ${}^*W_4$ 的阻值之和。再调节模块 S6 的电位器 W_4，使万用表测得显示值为 $20\text{k}\Omega$，则此时 ${}^*W_4$ 的阻值为 $10\text{k}\Omega$。

已知电路中 $R_{13}=10\text{k}\Omega$，$R_9=10\text{k}\Omega$，$R_{12}=10\text{k}\Omega$，$C_8=1000\text{pF}$，$R_{11}=47\text{k}\Omega$，$C_6=1000\text{pF}$，那么代入式（1-41）、式（1-42）、式（1-43）中，分别可以得到：

（1）对于输入 $V_i(t)$ 和输出 $V_t(t)$ 的低通系统函数

$$\frac{V_t(s)}{V_i(s)} = \frac{\frac{10\text{k}\cdot(10\text{k}+10\text{k})}{10\text{k}\cdot(10\text{k}+10\text{k})\cdot 10\text{k}\cdot 1000\text{p}\cdot 47\text{k}\cdot 1000\text{p}}}{s^2 + \frac{10\text{k}\cdot(10\text{k}+10\text{k})}{10\text{k}\cdot(10\text{k}+10\text{k})\cdot 47\text{k}\cdot 1000\text{p}}\cdot s + \frac{10\text{k}}{10\text{k}\cdot 10\text{k}\cdot 1000\text{p}\cdot 47\text{k}\cdot 1000\text{p}}} \quad (1\text{-}44)$$

$$= \frac{\frac{10^{11}}{47}}{s^2 + \frac{10^6}{47}\cdot s + \frac{10^{11}}{47}}$$

该系统的低通截止角频率为 $\omega_c = \sqrt{\frac{10^{11}}{47}}$ (rad/s)，即低通截止频率 $f_c = \frac{\omega_c}{2\pi} \approx 7341$ (Hz)。

（2）对于输入 $V_i(t)$ 和输出 $V_h(t)$ 的高通系统函数

$$\frac{V_h(s)}{V_i(s)} = \frac{\dfrac{10k \cdot (10k+10k)}{10k \cdot (10k+10k)} \cdot s^2}{s^2 + \dfrac{10k \cdot (10k+10k)}{10k \cdot (10k+10k) \cdot 47k \cdot 1000p} \cdot s + \dfrac{10k}{10k \cdot 10k \cdot 1000p \cdot 47k \cdot 1000p}} \quad （1-45）$$

$$= \frac{s^2}{s^2 + \dfrac{10^6}{47} \cdot s + \dfrac{10^{11}}{47}}$$

该系统的高通截止角频率为 $\omega_c = \sqrt{\dfrac{10^{11}}{47}}$ (rad/s)，即高通截止频率 $f_c = \dfrac{\omega_c}{2\pi} \approx 7341$ (Hz)。

（3）对于输入 $V_i(t)$ 和输出 $V_b(t)$ 的带通系统函数：

$$\frac{V_b(s)}{V_i(s)} = \frac{-\dfrac{10k \cdot (10k+10k)}{10k \cdot (10k+10k) \cdot 47k \cdot 1000p} \cdot s}{s^2 + \dfrac{10k \cdot (10k+10k)}{10k \cdot (10k+10k) \cdot 47k \cdot 1000p} \cdot s + \dfrac{10k}{10k \cdot 10k \cdot 1000p \cdot 47k \cdot 1000p}}$$

$$= \frac{-\dfrac{10^6}{47} \cdot s}{s^2 + \dfrac{10^6}{47} \cdot s + \dfrac{10^{11}}{47}}$$

（1-46）

注：式（1-44）～式（1-46）中的 k 表示 1000，p 表示 10^{-12}。

该系统的带通中心角频率为 $\omega_o = \sqrt{\dfrac{10^{11}}{47}}$ (rad/s)，即带通中心频率 $f_o = \dfrac{\omega_o}{2\pi} \approx 7341$ (Hz)。

四、实验步骤

（1）根据实验原理说明，调节模块 S6 的电位器 W_3 和 W_4，使它们的阻值为 $10k\Omega$。

（2）将模块 S2 中的扫频开关 S3 置"OFF"，调节信号源上的"ROL1"旋钮，使 P2 输出频率为 500Hz、幅度为 2V 的方波。

（3）连接信号源输出点 P2 与模块 S6 的 P9。

（4）用示波器观察并记录模块 S6 中二阶网络函数模拟系统的测试点 TP11(V_t)、TP10(V_h)、TP12(V_b)的波形，了解阶跃响应输出效果。

（5）再将模块 S2 的 P2 输出波形设置为正弦波，慢慢增大输出频率，并观测模块 S6 测试点 TP11(V_t)、TP10(V_h)、TP12(V_b)波形的变化情况，验证是否与实验原理推导的滤波特性一致。

（6）结合实验原理说明，自行调节电位器 W_3 与 W_4 的阻值，并列出微分方程，分别写出系统函数 $\dfrac{V_t(s)}{V_i(s)}$、$\dfrac{V_h(s)}{V_i(s)}$、$\dfrac{V_b(s)}{V_i(s)}$，再用示波器观察各测试点 TP11(V_t)、TP10(V_h)、TP12(V_b)的响应波形，并与微分方程的系统函数特性结果相比较。

五、实验报告

（1）绘出所观察的各种响应波形，并与计算微分方程的系统函数特性结果相比较。

（2）归纳和总结用基本运算单元求解系统时域响应的要点。

1.13 二阶网络状态轨迹显示

一、实验目的

（1）掌握观察二阶电路状态轨迹的方法。
（2）观察 RLC 网络在过阻尼、临界阻尼和欠阻尼时的状态轨迹。

二、实验仪器

（1）二阶网络模块 S6　　　　　　　　　1 块
（2）信号源及频率计模块 S2　　　　　　1 块
（3）双踪示波器　　　　　　　　　　　1 台
（4）数字万用表　　　　　　　　　　　1 个

三、实验原理

（1）任何变化的物理过程在第一时刻所处的"状态"（状况、形态或姿态），都可以用若干被称为"状态变量"的物理量来描述。电路也不例外，若一个含储能元件的网络在不同时刻各支路电压、电流都在变化，那么电路在不同时刻所处的状态也不相同。在 RLC 电路中，有 v_C、i_C、v_L、i_L、v_R、i_R 六种可能的变量。由于电容的储能为 $\frac{1}{2}Cv_C^2$，电感的储能为 $\frac{1}{2}Li_L^2$，所以选择电容的电压 v_C 和电感的电流 i_L 为状态变量，了解了电路中 $v_C(t)$ 和 $i_L(t)$ 的变化就可以了解电路状态的变化。

（2）对 n 阶网络可以用 n 个状态变量来描述。可以设想一个 n 维空间，每一维表示一个状态变量，构成一个"状态空间"。网络在每一时刻所处的状态可以用状态空间中一个点来表达，随着时间的变化，点的移动形成一个轨迹，称为"状态轨迹"。二阶网络的状态空间就是一个平面，状态轨迹是平面上的一条曲线。电路参数不同则状态轨迹也不相同，电路处过阻尼、欠阻尼和无阻尼情况的状态轨迹如图 1-54～图 1-56 所示。

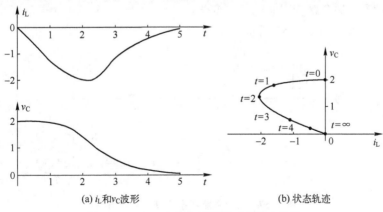

图 1-54　RLC 电路在过阻尼时的状态轨迹

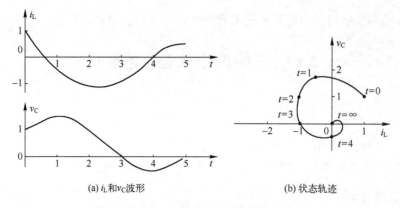

(a) i_L 和 v_C 波形　　　　　　(b) 状态轨迹

图 1-55　RLC 电路在欠阻尼时的状态轨迹

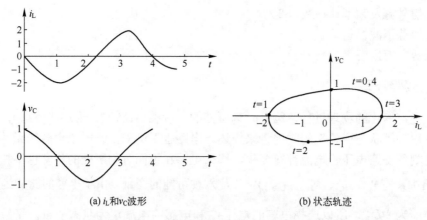

(a) i_L 和 v_C 波形　　　　　　(b) 状态轨迹

图 1-56　RLC 电路在 R=0 时的状态轨迹

（3）李沙育图是电压电流瞬时相互关系的图形表示，即状态轨迹。如果电压电流同是正弦，图是椭圆，长轴和水平轴之间的夹角就是电压电流差角。

（4）用示波器显示二阶网络状态轨迹的原理与显示李沙育图形完全一样。采用方波信号作为激励源，使过渡过程能重复出现，以便用示波器观察。由于方波信号有正负两次跳变，因此所观察到的状态轨迹会显示两种变化情况，一种是方波正跳变引起的状态变化，另一种是方波负跳变引起的状态变化。

（5）本实验电路如图 1-57 所示。

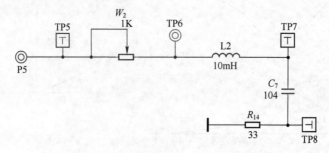

图 1-57　二阶网络状态轨迹实验电路图

实验电路中的电阻阻值很小,在 TP8 测试点的电压仍表现为容性,因此将电容两端电压分别接到示波器的 X 轴和 Y 轴可以显示电路的状态轨迹。在实验测试时,将示波器探头 CH1(即 X 轴)接在 TP7 测试点,该点电压与电感的电流 i_L 成正比。将示波器探头 CH2(即 Y 轴)接在 TP8 测试点,该点电压为电容的电压 v_C。因此用示波器 XY 挡显示 TP7 和 TP8 的电压的变化轨迹,可等效为显示 RLC 电路中电感电流 i_L 和电容电压 v_C 的变化轨迹。调节电路中的电位器 W_2 可以使 RLC 电路分别工作在欠阻尼、临界和过阻尼状态。

四、实验步骤

(1)将模块 S2 上的扫频开关 S3 置"OFF",调节频率调节旋钮 ROL1 以及波形切换按键 S4,使模拟信号输出点 P2 输出幅度为 4V、频率 f=1kHz、占空比为 50%的方波。

(2)连接 S2 模块上信号源输出点 P2 与 S6 模块中二阶网络状态轨迹模块上的 P5。

(3)将示波器设置为"X-Y"显示方式,将探头 CH1 接于 TP7(即等效于测量电感的电流 i_L),将探头 CH2 接于 TP8 处(即测量电容的电压 v_C)。通过调整电位器 W_2,使电路工作于不同状态(欠阻尼、临界、过阻尼),观察轨迹状态图,完成表 1-28。

表 1-28

响应性质	欠阻尼	临界阻尼	过阻尼
W_2 阻值			
状态轨迹			

注:当用万用表测量电位器 W_2 的阻值时,信号源要撤离(即断开信号源输出端 P2 与 P5 之间的连接)。万用表的表笔分别接电路中的 TP5 和 TP6 测试点。

五、实验报告

观察记录不同状态的轨迹。

1.14 一阶电路的暂态响应

一、实验目的

(1)掌握一阶电路暂态响应的基本原理。
(2)测量一阶 RC 电路和 RL 电路的时间常数 τ。

二、实验仪器

(1)一阶网络模块 S5   1 块
(2)信号源及频率计模块 S2   1 块
(3)双踪示波器   1 台

三、实验原理

1. 一阶电路的时间常数

含有 L、C 储能元件的电路通常用微分方程来描述,电路的阶数取决于微分方程的阶数。凡是用一阶微分方程描述的电路称为一阶电路。一阶电路由一个储能元件和电阻组成,具有两种组合:RC 电路和 RL 电路。图 1-58 和图 1-59 分别是 RC 电路和 RL 电路示意图。

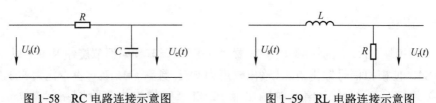

图 1-58　RC 电路连接示意图　　　　图 1-59　RL 电路连接示意图

根据给定的初始条件和列写出的一阶微分方程以及激励信号,可以求得一阶电路的零输入响应和零状态响应。当系统的激励信号为阶跃函数时,其零状态响应一般可表示为下列两种形式:

$$\begin{cases} u(t) = U_S e^{-\frac{t}{\tau}} & (t \geqslant 0,\ 放电) \\ u(t) = U_S \left(1 - e^{-\frac{t}{\tau}}\right) & (t \geqslant 0,\ 充电) \end{cases}$$

式中:τ 为电路的时间常数。在 RC 电路中,$\tau = RC$;在 RL 电路中,$\tau = L/R$。本实验研究的暂态响应主要是指系统的零状态响应。

2. 实验电路图

RC 一阶网络实验电路与 RL 一阶网络实验电路如图 1-60 和图 1-61 所示。

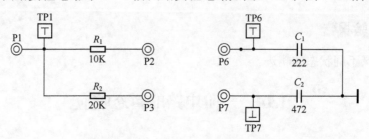

图 1-60　RC 一阶网络实验电路

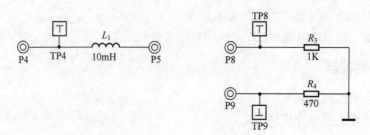

图 1-61　RL 一阶网络实验电路

3. 时间常数 τ 的测量方法

一阶电路的时间常数 τ 是一个非常重要的物理量，它决定零输入响应和零状态响应按指数规律变化的快慢。由于过渡过程是十分短暂的单次变化过程，为了能够使过程重现，以便于能够用示波器测量一阶电路的时间常数，通常可以利用方波信号作为激励源，采用时标法测量时间常数。

（1）充电 0.632 值法：以方波信号的上升沿作为零状态响应的激励信号，相当于单次接通的直流电源，根据 $u(t) = U_S \left(1 - e^{-\frac{t}{\tau}}\right)$ 可知，当 $u(t) = U_S(1 - e^{-1}) \approx 0.632 U_S$ 时，则此时 $t = \tau$。也就是说，从示波器显示的充电波形上找到 $0.632 U_S$ 对应的时间点 t，即可测出充电时的电路时间常数 τ（图 1-62）。

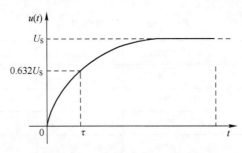

图 1-62　充电 0.632 值法测量 τ

（2）放电 0.368 值法：以方波信号的下降沿作为零输入响应的激励信号，相当于单次断开的直流电源，根据 $u(t) = U_S e^{-\frac{t}{\tau}}$ 可知，当 $u(t) = U_S e^{-1} \approx 0.368 U_S$ 时，则此时 $t = \tau$。也就是说，从示波器显示的放电波形上找到 $0.368 U_S$ 对应的时间点 t，即可测出放电时的电路时间常数 τ（图 1-63）。

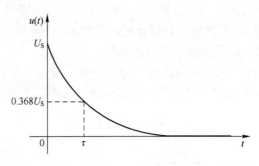

图 1-63　放电 0.632 值法测量 τ

需要注意的是，方波的脉宽宽度不能太小，可能导致无法反映出和观察到响应输出的真实 U_S，测量结果错误。建议方波的脉冲宽度应为时间常数的 3～5 倍。

四、实验步骤

1. 一阶 RC 电路的观测

实验电路连接图如图 1-60 所示。

（1）设置模块 S2，使模拟输出端口输出幅度 2V、频率 2.5kHz 的方波。
（2）连接模块 S2 的模拟输出端 P2 与模块 S5 的 P1。
（3）连接模块 S5 的 P2 与 P6。
（4）用示波器分别观测并记录模块 S5 的 TP1 和 TP6 的波形。
（5）根据电路中的 R、C 元件，计算出时间常数 τ。
（6）根据实测波形，计算出实测的时间常数 τ。
（7）再将"P2 与 P6"间的连线改为"P2 连 P7"，或"P3 连 P6"，或"P3 连 P7"，重复上面的测试过程，将结果填入表 1-29 中（注：当连接点改在 P7 时，输出测量点应该在 TP7。为了更好地实测 τ 值，建议根据理论计算的 τ 值，合理调整方波信号的频率）。

表 1-29　一阶 RC 电路

电路连线	$R/k\Omega$	C/pF	$\tau=RC/\mu s$	实测 τ 值	输出测量点
P2—P6	10	2200			TP6
P2—P7	10	4700			TP7
P3—P6	20	2200			TP6
P3—P7	20	4700			TP7

2. 一阶 RL 电路的观测

实验电路连接图如图 1-61 所示。
（1）设置模块 S2，使模拟输出端口输出幅度为 2V、频率为 2.5kHz 的方波。
（2）连接模块 S2 的模拟输出端 P2 与模块 S5 的 P4。
（3）连接模块 S5 的 P5 与 P8。
（4）用示波器分别观测并记录模块 S5 的 TP1 和 TP8 的波形。
（5）根据电路中的 R、L 元件，计算出时间常数 τ。
（6）根据实测波形，计算出实测的时间常数 τ。
（7）再将"P5 与 P8"间的连线改为"P5 连 P9"，重复上面的测试过程，将结果填入表 1-30 中（注：当连接点改在 P9 时，输出测量点应该在 TP9）。

表 1-30　一阶 RL 电路

电路连接	$R/k\Omega$	L/mH	$\tau=L/R(\mu s)$	实测 τ 值	输出测量点
P5—P8	1	10			TP8
P5—P9	0.47	10			TP9

五、实验报告

（1）将实验测算出的时间常数分别填入表 1-29 与表 1-30 中，并与理论计算值比较。
（2）画出方波信号作用下 RC 电路、RL 电路各状态下的响应电压的波形（绘图时注意波形的对称性）。

1.15 二阶电路传输特性

一、实验目的

（1）了解二阶有源滤波网络的结构组成及电路传输特性。
（2）了解负阻抗在 RLC 串联振荡电路中的应用。

二、实验仪器

（1）二阶网络模块 S6　　　　　　　　　　1 块
（2）信号源及频率计模块 S2　　　　　　　1 块
（3）双踪示波器　　　　　　　　　　　　1 台

三、实验原理

1. 二阶有源带通滤波网络

如图 1-64 所示，其系统传递函数为：

$$H(s) = \frac{U_o(s)}{U_i(s)} = \frac{k}{R_1 C_1} \cdot \frac{s}{\left(s + \dfrac{1}{R_1 C_1}\right)\left(s + \dfrac{1}{R_2 C_2}\right)} \tag{1-47}$$

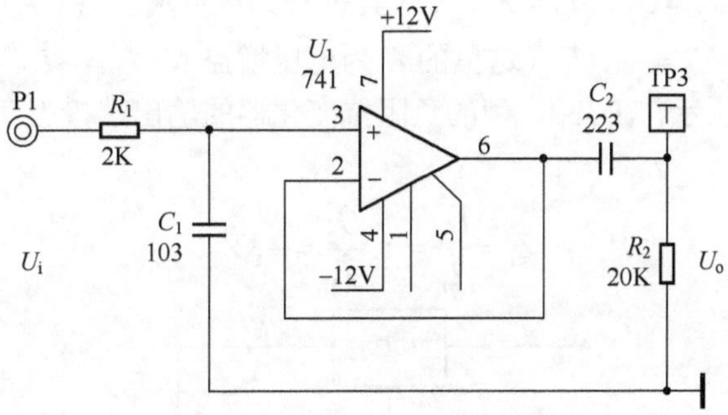

图 1-64 二阶有源带通滤波网络

f_{P1}、f_{P2} 的理论值计算公式分别为 $f_{P1} = \dfrac{1}{2\pi R_1 C_1}$ 和 $f_{P2} = \dfrac{1}{2\pi R_2 C_2}$。带通滤波器的幅频特性如图 1-65 所示。

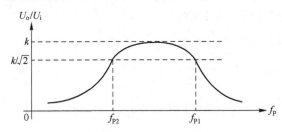

图 1-65 带通滤波器的幅频特性

即在低频端，主要由 R_2C_2 的高通特性起作用；在高频端，则由 R_1C_1 的低通特性起作用；在中频段，C_1 相当于开路，C_2 相当于短路，它们都不起作用，输入信号 U_i 经运算放大器后送往输出端。由此形成其带通滤波特性。

2. 负阻抗在串联振荡电路中的应用

负阻抗是电路理论中的一个重要基本概念，广泛应用于工程实践中。负阻抗的产生除某些线性元件（如隧道二极管）在某个电压或电流的范围内具有负阻抗特性外，一般都由一个有源双"口"网络来形成一个等值的线性负阻抗。该网络由线性集成电路组成，这样的网络称作负阻抗变换器。

按有源网络输入电压电流与输出电压电流的关系，负阻抗变换器可分为电流倒置型（INIC）和电压倒置型（VNIC）两种，其示意图如图 1-66 所示。

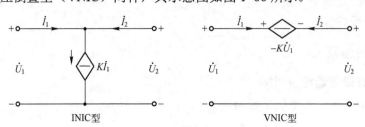

图 1-66 负阻抗变换器示意图

在理想情况下，负阻抗变换器的电压、电流关系如下：

在 INIC 型中，$\dot{U}_2 = \dot{U}_1$，$\dot{I}_2 = K\dot{I}_1$（这里的 K 为电流增益）；

在 VNIC 型中，$\dot{U}_2 = -K\dot{U}_1$（这里的 K 为电压增益），$\dot{I}_2 = -\dot{I}_1$。

如果按图 1-67 所示，在 INIC 型的负阻抗变化器的输出端接上负载 Z_L。则它的输入阻抗为

$$Z_i = \frac{\dot{U}_1}{\dot{I}_1} = K\frac{\dot{U}_2}{\dot{I}_2} = -KZ_L \tag{1-48}$$

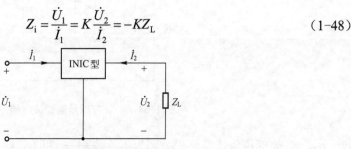

图 1-67 负阻抗变换器接上负载

INIC 型的负阻抗电流可以用运算放大器和正电阻实现构成，在一定的电压、电流范围内可以获得良好的线性度（图 1-68）。

已知 $\dot{U}_1 = U_+ = U_- = \dot{U}_2$，又有 $\dot{I}_5 = \dot{I}_6 = 0$，$\dot{I}_1 = \dot{I}_3$，$\dot{I}_2 = -\dot{I}_4$。

由 $\dot{U}_1 - \dot{U}_3 = Z_1\dot{I}_3$，$\dot{U}_3 - \dot{U}_2 = Z_2\dot{I}_4$，可以得到 $Z_1\dot{I}_3 = -Z_2\dot{I}_4$，即 $\dfrac{\dot{I}_4}{\dot{I}_3} = -\dfrac{Z_1}{Z_2}$；

由 $\dot{U}_1 = Z_i\dot{I}_1$，$\dot{U}_2 = -Z_L\dot{I}_2$，可以得到 $Z_i\dot{I}_1 = -Z_L\dot{I}_2$，则 $Z_i = -\dfrac{Z_L\dot{I}_2}{\dot{I}_1} = -\dfrac{Z_L(-\dot{I}_4)}{\dot{I}_3} = -\dfrac{Z_1}{Z_2}Z_L$。

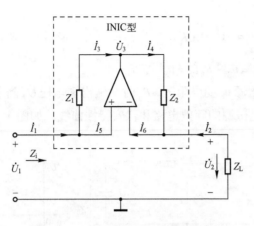

图 1-68　INIC 型负阻抗变换器的实现

令 $K=\dfrac{Z_1}{Z_2}$，则 $Z_i=-KZ_L$。当 $Z_1=Z_2$ 时，$K=1$，则有：

（1）若负载 $Z_L=R_L$ 时，$Z_i=-KZ_L=-R_L$。

（2）若负载 $Z_L=\dfrac{1}{j\omega C}$ 时，$Z_i=-KZ_L=-\dfrac{1}{j\omega C}$，若此时再令 $C=\dfrac{1}{\omega^2 L}$，则 $Z_i=j\omega L$。

（3）若负载 $Z_L=j\omega L$ 时，$Z_i=-KZ_L=-j\omega L$，若此时再令 $L=\dfrac{1}{\omega^2 C}$，则 $Z_i=\dfrac{1}{j\omega C}$。

可以看出，负阻抗变换器能够实现容性阻抗和感性阻抗的互换。

本实验电路是应用负阻抗变换器构成一个具有负内阻的电压源，其输出端口接入的负载是一个 RLC 串联电路。实验电路和示意如图 1-69、图 1-70 所示。

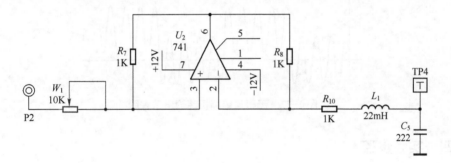

图 1-69　硬件电路图

图 1-70　电路示意图

实验电路的电位器 W_1 的阻值，对应示意图中的 R_0。负阻抗变换器中的 $Z_1=1\text{k}\Omega$，

$Z_2 = 1\text{k}\Omega$,则 $\dfrac{\dot I_4}{\dot I_3} = -\dfrac{Z_1}{Z_2} = -1$。由 $\dot I_1 = \dot I_3$,$\dot I_2 = -\dot I_4$,则可以得到 $\dot I_1 = \dot I_2$。又有 $\dot I_2 = -\dot I_L$,可以得到 $\dot U_2 = u_S - R_0\dot I_1 = u_S - R_0\dot I_2 = u_S + R_0\dot I_L$。

可以看出,当电压源 u_S 的内阻为 $-R_0$ 时,输出端电压 $\dot U_2$ 随着输出电流 $\dot I_L$ 的增加而增加。具有负内阻的电压源的等效电路和伏安特性曲线,如图 1-71 所示。

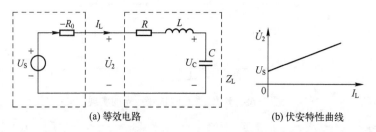

(a) 等效电路   (b) 伏安特性曲线

图 1-71 具有负内阻的电压源的等效电路和伏安特性曲线

本实验 RLC 电路中,电阻 R 为 1kΩ,电感 L 为 22mH,电容 C 为 2200pF,可知 $R < 2\sqrt{\dfrac{L}{C}}$,该 RLC 串联电路工作在欠阻尼状态。

已知 RLC 串联电路在欠阻尼状态时,响应输出 U_C 是一个衰减振荡波形。本实验用方波信号作为激励源 u_S,调节电位器 W_1 的阻值 R_0 相当于改变电压源负内阻 $-R_0$ 的大小。若逆时针调节 W_1(从 0~10kΩ),增大 R_0,则相当于减小了 RLC 串联回路的总电阻。若使总电阻为 0 时,则此时响应输出为无阻尼等幅振荡波形(图 1-72)。

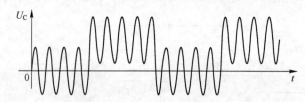

图 1-72 无阻尼等幅振荡输出示意图

四、实验步骤

1. 测量有源带通滤波器的幅频特性

(1)调节信号源模块 S2 上的"模拟输出幅度调节"旋钮,并通过波形选择键选择波形,使 P2 输出幅度为 3V 的正弦波。

(2)连接信号源模块 S2 的输出端 P2 与模块 S6 中二阶电路传输特性的输入端口 P1。

(3)按图 1-63 所示连线,示波器探头接该滤波网络的输出点 TP3,观察信号波形。

(4)调节信号源模块上频率调节旋钮,从 100Hz~10kHz 改变信号频率。

(5)把测量的数据填入表 1-31 中,找出实测的截止频率点,并绘出带通滤波器的幅频特性曲线。

表 1-31 测试数据

理论值 $f_{P1}=(\quad)$Hz, $f_{P2}=(\quad)$Hz								
实测值 $f'_{P1}=(\quad)$Hz, $f'_{P2}=(\quad)$Hz								
f/kHz								
U_i/V								
U_o/V								
$\|H(\mathrm{j}f)\|=\dfrac{U_o}{U_i}$								

其中，f_{P1}、f_{P2} 为截止频率的理论值；f'_{P1}、f'_{P2} 为截止频率的实测值。

2. 负阻抗在串联振荡电路中的应用

（1）将信号源模块 S2 中的"扫频开关"S3 置"OFF"，在方波模式下，按下"ROL1"旋钮约 1s 后，待频率计数码管出现"dy"后，调节"ROL1"，使方波的占空比为 50%。P2 输出频率为 500Hz、占空比为 50% 的方波。

（2）连接模块 S2 中模拟信号输出端 P2 与模块 S6 中二阶电路传输特性信号输入端 P2。

（3）将示波器探头接于 TP4，先将模块 S6 的电位器 W_1 瞬时针调到底（此时电位器 W_1 的阻值为 0），观察此时负阻抗电压源在 RLC 串联电路的欠阻尼响应输出波形。

（4）再慢慢逆时针调节电位器 W_1，观察 TP4 输出信号的变化，直至 TP4 输出为等幅振荡信号并记录该波形。

五、实验报告

（1）填写实验数据表格，描绘二阶有源带通滤波器的幅频特性曲线，并分析实验结果。

（2）观察并记录负阻抗电压源在 RLC 串联电路中的响应输出波形。

1.16 直接数字频率合成

一、实验目的

（1）熟悉数字频率合成技术的原理。
（2）设置参数并实现输出指定频率的正弦波信号。

二、实验仪器

（1）数字信号处理模块 S4　　　　　　　　　　1 块
（2）双踪示波器　　　　　　　　　　　　　　1 台

三、实验原理

直接数字合成（Direct Digital Synthesis，DDS）技术是从相位概念出发，直接对参考正弦信号进行采样，得到不同的相位，通过数字计算技术产生对应的电压幅度，最后滤波平滑输出所需频率。

一个纯净的单频信号可以表示为

$$u(t) = U\sin(2\pi f_0 t + \theta_0) \tag{1-49}$$

只要它的幅度 U 和初始相位 θ_0 不变，它的频谱就是位于 f_0 的一条谱线。为了分析简化起见，可令 $U=1$，$\theta_0 = 0$，这将不会影响对频率的研究。即有

$$u(t) = \sin(2\pi f_0 t) = \sin[\theta(t)] \tag{1-50}$$

如果对其进行采样，采样周期为 T_C（即采样频率为 f_C），则可以得到离散的波形序列：

$$u[n] = \sin[2\pi f_0 n T_C] \quad (n=0,1,2,\cdots) \tag{1-51}$$

相应的离散相位序列为

$$\theta[n] = 2\pi f_0 n T_C = \Delta\theta \cdot n \quad (n=0,1,2,\cdots) \tag{1-52}$$

式中：$\Delta\theta$ 为连续两次采样之间的相位增量，有

$$\Delta\theta = 2\pi f_0 T_C = 2\pi f_0 / f_C \tag{1-53}$$

只要满足采样定理：

$$f_0 < \frac{1}{2} f_C \tag{1-54}$$

离散序列 $u[n]$ 就可以恢复出模拟信号 $u(t)$。相位函数的斜率决定了信号的频率。决定相位函数斜率的是两次采样之间的相位增量 $\Delta\theta$。因此，只要控制这个相位增量，就可以控制合成信号的频率。

现将整个周期的相位 2π 分成 M 份，每一份为 $\delta = 2\pi/M$，若每次相位增量 δ 选择为 K 倍，即可得到信号的频率：

$$f_0 = \frac{K\delta}{2\pi T_C} = \frac{K}{M} f_C \tag{1-55}$$

式中：K 和 M 都是正整数，根据采样定理的要求，K/M 应小于 1/2。

相应的模拟信号为

$$u(t) = \sin\left(2\pi \frac{K}{M} f_C t\right) \tag{1-56}$$

综上所述，在采样频率一定的情况下，可以通过控制两次采样之间的相位增量（不得大于 π）来控制所得离散序列的频率，再经过保持、滤波之后可以唯一恢复出此频率的模拟信号。

DDS 基本工作原理框图如图 1-73 所示。

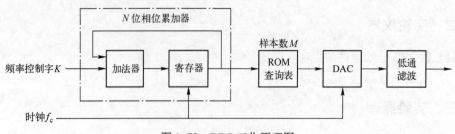

图 1-73 DDS 工作原理图

其实质是，以基准时钟频率源对相位进行等间隔的采样。DDS 由相位累加器、波形存储器（ROM 表）、数模转换器（DAC）以及低通滤波器（LPF）组成。K 为频率控制字。相位累加器由 N 位加法器与 N 位寄存器构成。在每一个时钟周期，N 位的相位累加器按步进 K 进行累加直至溢出，然后从 ROM 中读出相应的幅度值送到 DAC，再由 DAC 将其转换成阶梯模拟波形，最后由具有内插作用的 LPF 将其平滑为连续的正弦波形作为输出。因此，通过改变频率控制字 K 就可以改变输出频率 f_0。

四、实验步骤

（1）打开实验箱以及模块 S4 的电源。
（2）调节功能旋钮 ROL1，并选择直接数字频率合成功能。
（3）用示波器探头接模块 S4 的 TH1（或者 TP1）测试点。
（4）调节 ROL1，设置合成频率参数，观测测试点 TH1 的输出波形并记录实测频率值。

五、实验报告

按要求完成实验操作和记录。

第2章 仿真分析实验

2.1 常见信号的生成

一、实验目的

(1) 通过本实验初步掌握 MATLAB 的简单操作与基本子函数。
(2) 通过本实验初步掌握各种常见信号在 MATLAB 中的生成方法,并加深对常见信号的理解。

二、实验原理

在时间轴上连续取值的信号$(-\infty,\infty)$有定义的信号称为连续时间信号,简称连续信号。需要指出的是:"连续"是指函数的定义域(时间,或者其他变量)是连续的。至于信号的值域则可以是连续的,也可以是不连续的。

实际上,MATLAB 软件所产生的信号是不连续信号,由于在使用 MATLAB 软件产生连续信号时,信号的取样点足够多、足够密集时,可把不连续信号看作连续信号。

常用的连续时间信号有阶跃信号$u(t)$(或者是$\varepsilon(t)$)、冲激信号$\delta(t)$、矩形脉冲信号$g_\tau(t)$、实指数信号$e^{-\alpha t}$、正弦信号$\sin(\omega t)/\cos(\omega t)$、$Sa(t)$信号、符号信号$sgn(t)$等。

在时间轴上仅在一些离散的瞬间才有定义的信号称为离散时间信号,简称离散信号。需要指出的是:"离散"是指函数的定义域(时间,或者其他变量)是离散的,它只取某些规定的值,在其余时间,不予定义。本书只讨论离散瞬间的间隔是常数的情况,则该离散信号可以表示为$f(kT)$,为了简便,通常把$f(kT)$记为$f(k)$。这样的离散信号也称为序列。

常用的离散时间信号有阶跃信号$u(k)$(或者是$\varepsilon(k)$)、冲激信号$\delta(k)$等。

【程序示例】

1. 阶跃信号

阶跃信号的表达式为

$$u(t)=\begin{cases} 1 & (t>0) \\ 0 & (t<0) \end{cases} \tag{2-1}$$

时移t_0后的阶跃信号表达式为

$$u(t)=\begin{cases} 1 & (t>t_0) \\ 0 & (t<t_0) \end{cases} \tag{2-2}$$

【例 2.1-1】 使用 MATLAB 产生一个单位阶跃信号。

解：MATLAB 程序如下：

```
clc,clear;
t= -5:0.001:5;                %表示自变量取值范围[-5,5]，取值间隔为 0.001
x=(t>=0);                     %产生单位阶跃信号
plot(t,x);                    %画出阶跃信号波形
axis([-5,5,0,1.2]);           %确定信号波形图上的横、纵坐标显示范围
xlabel('\fontsize{10}时间');  %确定波形图横轴表示时间
ylabel('\fontsize{10}幅度');  %确定波形图纵轴表示幅度
title('单位阶跃信号');         %确定波形图图名
```

运行结果如图 2-1 所示。

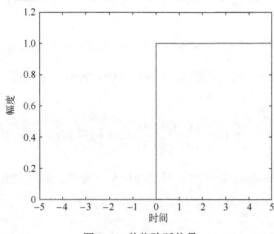

图 2-1 单位阶跃信号

2. 矩形脉冲信号

脉冲宽度为 τ 的矩形脉冲信号的表达式为

$$g_\tau(t) = \begin{cases} 1 & (|t| \leqslant \tau/2) \\ 0 & (|t| > \tau/2) \end{cases} \tag{2-3}$$

【例 2.1-2】 使用 MATLAB 产生一个矩形脉冲信号。

解：MATLAB 程序如下：

```
t1=-5;
t2=5;
td=0.01;
t=t1:td:t2;
g=heaviside(t+1)-heaviside(t-1);   %生成矩形脉冲信号
plot(t,g);                         %画出矩形脉冲信号波形图
axis([-5 5 -0.5 1.5]);             %确定信号波形图上的横、纵坐标显示范围
xlabel('\fontsize{10}时间');       %确定波形图横轴表示时间
ylabel('\fontsize{10}幅度');       %确定波形图纵轴表示幅度
title('矩形脉冲信号');              %确定波形图图名
grid on;
```

运行结果如图 2-2 所示。

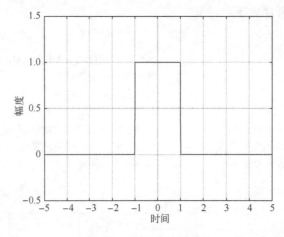

图 2-2　矩形脉冲信号

需要说明：MATLAB 所提供的 heaviside 函数，调用该函数可产生阶跃信号；由理论上可知，

$$g_2(t) = \begin{cases} 1 & (|t| \leqslant 1) \\ 0 & (|t| > 1) \end{cases} = u(t+1) - u(t-1)$$

在此，调用 heaviside 函数产生矩形脉冲信号。此外，也可调用 rectpuls 等函数产生矩形脉冲信号。

3. 冲激信号

冲激信号的表达式为

$$\begin{cases} \delta(t) = 0 & (t \neq 0) \\ \int_{-\infty}^{\infty} \delta(t) \mathrm{d}t = 1 \end{cases} \tag{2-4}$$

时移 t_0 后的冲激信号表达式为

$$\begin{cases} \delta(t) = 0 & (t \neq t_0) \\ \int_{-\infty}^{\infty} \delta(t) \mathrm{d}t = 1 \end{cases} \tag{2-5}$$

【例 2.1-3】 使用 MATLAB 产生一个冲激信号。

解：MATLAB 程序如下：

```
t1=-5;
t2=5;
td=0.01;
t=t1:td:t2;
y=0*(t>=-5&t<0)+1*(t==0)+0*(t>0&t<=5);          %生成冲激信号
plot(t,y);
```

```
axis([-5 5 -0.5 1.5]);
xlabel('\fontsize{10}时间');
ylabel('\fontsize{10}幅度');
title('冲激信号');
grid on;
```

运行结果如图 2-3 所示。

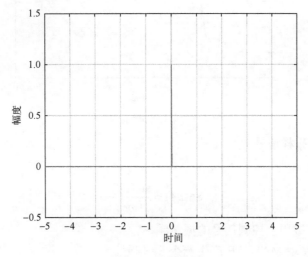

图 2-3 冲激信号

4. 单边衰减正弦信号

单边衰减正弦信号的表达式为

$$f(t) = Ke^{-\alpha t} \cdot \sin(\omega t)\varepsilon(t) \tag{2-6}$$

式中：K 为幅度值；α、ω 为信号参数，分别用于控制信号的衰减、振荡频率。

【例 2.1-4】 使用 MATLAB 产生一个单边衰减正弦信号。

解：MATLAB 程序如下：

```
t1=-1;
t2=10;
td=0.01;
t=t1:td:t2;
f=5*exp(-t/2).*sin(pi*t).*heaviside(t);    %生成单边衰减正弦信号
plot(t,f);
axis([-1 10 -3 5]);
xlabel('\fontsize{10}时间');
ylabel('\fontsize{10}幅度');
title('单边衰减正弦信号');
grid on;
```

运行结果如图 2-4 所示。

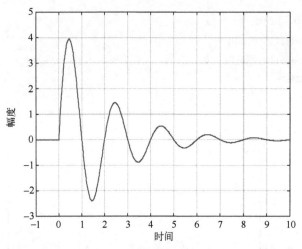

图 2-4 单边衰减正弦信号

5. Sa 信号（采样信号）

Sa 信号的表达式为

$$\mathrm{Sa}(\omega t) = \frac{\sin(\omega t)}{\omega t} \tag{2-7}$$

式中：ω 为信号参数用于控制信号的振荡频率。

【例 2.1-5】 使用 MATLAB 产生一个 Sa 信号。

解：MATLAB 程序如下：

```
t1=-20;
t2=20;
td=0.01;
t=t1:td:t2;
f=sinc(t/2);                          %生成 Sa 信号
plot(t,f);
axis([-20 20 1.1*min(f) 1.1*max(f)]); %确定信号波形图上的横、纵坐标显示范围
xlabel('\fontsize{10}时间');
ylabel('\fontsize{10}幅度');
title('Sa(t)信号');
grid on;
```

运行结果如图 2-5 所示。

6. 离散时间正弦信号

离散时间正弦信号的表达式为

$$x(n) = K \cdot \cos(\omega n) \tag{2-8}$$

式中：K 为幅度值；ω 为对应正弦信号角频率。

【例 2.1-6】 使用 MATLAB 产生一个离散时间正弦信号。

解：MATLAB 程序如下：

```
t1=-20;
clc;clear;
```

```
n=-20:20;
omega=pi/5;
x=2*cos(n*omega);              %生成离散时间正弦信号
stem(n,x);                     %画出离散时间正弦信号波形图
axis([-20 20 -2.5 2.5]);
xlabel('\fontsize{10}时间');
ylabel('\fontsize{10}幅度');
title('离散时间正弦信号');
grid on;
```

运行结果如图 2-6 所示。

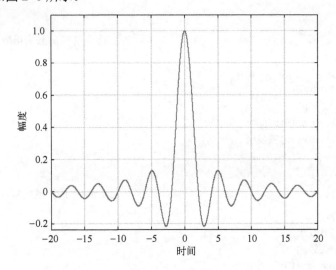

图 2-5 Sa 信号

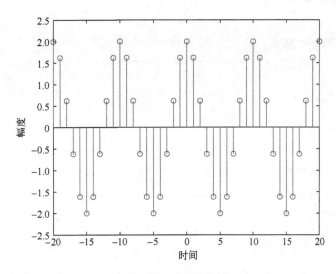

图 2-6 离散时间正弦信号

7. 离散时间实指数信号

离散时间复指数信号可表示为

67

$$x(n) = Z^n = r^n e^{j\Omega_0 n} \tag{2-9}$$

式中：$Z = re^{j\Omega_0}$ 为复数；r、Ω_0 为实数。

当 $Z = r$，r 为实数时，称为离散时间实指数信号，其表达式为

$$x(n) = r^n \tag{2-10}$$

【例 2.1-7】 使用 MATLAB 产生一个离散时间实指数信号。

解：MATLAB 程序如下：

```
t1=-20;
n=-5:0.5:5;
r1=2;
r2=0.5;
x=3*r1.^n;                    %生成 r = 2 的离散实指数信号
subplot(2,1,1);
stem(n,x);
axis([-5 5 0 100]);
title('x=3*2^n');
xlabel('\fontsize{10}时间');
ylabel('\fontsize{10}幅度');
grid on;
subplot(2,1,2);
x=3*r2.^n;                    %生成 r = 1/2 的离散实指数信号
stem(n,x);
axis([-5 5 0 100]);
title('x=3*0.5^n');
xlabel('\fontsize{10}时间');
ylabel('\fontsize{10}幅度');
grid on;
```

运行结果如图 2-7 所示。

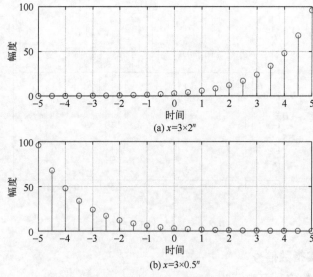

(a) $x = 3 \times 2^n$

(b) $x = 3 \times 0.5^n$

图 2-7 离散时间实指数信号

三、实验步骤

(1) 设计程序代码，绘出指数增长信号 $f(t) = 0.5e^{(t/450)}$ 的时域波形。

(2) 设计程序代码，绘出指数衰减信号 $f(t) = 5e^{-(t/450)}$ 的时域波形。

(3) 设计程序代码，绘出指数增长正弦信号 $f(t) = \begin{cases} 0 & (t < 0) \\ 0.5e^{\frac{t}{440}} \sin\left(\frac{\pi t}{105}\right) & (t \geq 0) \end{cases}$ 的时域波形。

(4) 设计程序代码，绘出指数衰减正弦信号 $f(t) = \begin{cases} 0 & (t < 0) \\ 5e^{\frac{-t}{440}} \sin\left(\frac{\pi t}{105}\right) & (t \geq 0) \end{cases}$ 的时域波形。

(5) 设计程序代码，绘出采样信号 $\text{Sa}(t) = \dfrac{5\sin\left(\dfrac{\pi t}{60}\right)}{\dfrac{\pi t}{60}}$ 的时域波形。

(6) 设计程序代码，绘出钟形信号 $f(t) = 5e^{-\left(\frac{t}{160}\right)^2}$ 的时域波形。

四、实验报告

按要求完成实验操作和记录。

2.2 信号的运算

一、实验目的

(1) 通过本实验掌握 MATLAB 中对信号的运算操作。

(2) 通过本实验各种常见信号在 MATLAB 中的各种运算，加深常见信号各种运算的理解。

二、实验原理

在系统分析过程中，通常对信号（连续或离散）进行某些运算，如信号的加法（减法）、乘法、平移、反转、尺度变换、微分、积分等。离散信号、连续信号这两种信号的运算原理是一致的，下面以连续信号为例进行讲解。

1. 信号的加法和乘法

连续信号 f_1 与连续信号 f_2 的加法是指在信号定义域范围内，同一瞬时两信号值之和所构成的"和信号"，即

$$f = f_1 + f_2 \tag{2-11}$$

连续信号 f_1 与连续信号 f_2 的乘法是指在信号定义域范围内，同一时刻两个信号值相

乘所构成的"乘信号",即

$$f = f_1 \cdot f_2 \tag{2-12}$$

2. 信号的平移和反转

信号的平移是指对于连续信号 $f(t)$,t_0 为一常数,信号 $f(t-t_0)$ 可以理解为:当 $t_0 > 0$ 时,信号 $f(t-t_0)$ 表示将原连续信号 $f(t)$ 沿 t 轴正方向平移 t_0 个单位;当 $t_0 < 0$ 时,信号 $f(t-t_0)$ 表示将原连续信号 $f(t)$ 沿 t 轴负方向平移 $|t_0|$ 个单位。

信号的反转是指将连续信号 $f(t)$ 中的自变量 t 替换为 $-t$,得到信号 $f(-t)$,整个反转过程表示为将连续信号 $f(t)$ 沿着纵轴进行反转。

3. 信号的尺度变换

信号的尺度变换是指将连续信号 $f(t)$ 中的自变量 t 替换为 at,得到信号 $f(at)$,其中,a 表示非零常数。当 $a > 1$ 时,表示信号 $f(at)$ 将原信号 $f(t)$ 以原点 $t = 0$ 为基准,沿着横轴压缩到原来的 $\frac{1}{a}$;当 $1 > a > 0$ 时,表示信号 $f(at)$ 将原信号 $f(t)$ 以原点 $t = 0$ 为基准,沿着横轴展宽到原来的 $\frac{1}{a}$ 倍。当 $a < 0$ 时,表示信号 $f(at)$ 将原信号 $f(t)$ 以原点 $t = 0$ 为基准进行反转,再沿着横轴展宽或压缩到原来的 $\frac{1}{|a|}$。

【程序示例】

1. 信号的加法和乘法

【例 2.2-1】 已知信号 $f_1(t) = \sin(\pi t)$、$f_2(t) = \cos(2\pi t)$,请使用 MATLAB 绘出信号 $f_1(t) + f_2(t)$、$f_1(t) \cdot f_2(t)$ 的波形。

解:MATLAB 程序如下:

```
syms t;
f1=sin(pi*t);                        %f1(t)信号
f2=cos(2*pi*t);                      %f2(t)信号
subplot(2,2,1);                      %划分子图,2*2 排布,第一子图
ezplot(f1,[-4,4]);
title('f1(t)=sin(pi*t)');
subplot(2,2,2);                      %划分子图,2*2 排布,第二子图
ezplot(cos(2*pi*t),[-4,4]);
title('f2(t)=cos(2*pi*t)');
f3=f1+f2;                            % f3(t)=f1(t)+f2(t)
subplot(2,2,3);                      %划分子图,2*2 排布,第三子图
ezplot(f3,[-4,4]);
title('f1(t)+f2(t)');
f4=f1*f2;                            % f4(t)=f1(t)*f2(t)
subplot(2,2,4);                      %划分子图,2*2 排布,第四子图
ezplot(f4,[-4,4]);
title('f1(t)*f2(t)');
```

程序运行结果所生成的波形如图 2-8 所示。

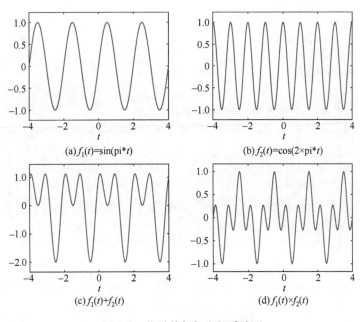

图 2-8 信号的相加和相乘波形

需要指出的是:此处"*"表示乘法。请与教材中出现的卷积符号"*"进行理解性区别。

2. 信号的平移、反转、尺度变换

【例 2.2-2】 已知信号 $f(t)=u(t+2)+2u(t)-u(t-1)-2u(t-2)$,请使用 MATLAB 绘出信号 $f_1(t)=f(t-1)$、$f_2(t)=f(2t-2)$、$f_3(t)=f(-2t+2)$ 的波形。

解:MATLAB 程序如下:

```
syms t;
ft=heaviside(t+2)+2*heaviside(t)-heaviside(t-1)-2*heaviside(t-2);    %f(t)信号
subplot(2,2,1);
ezplot(ft,[-4,4])
title('f(t)');
axis([-4,4,-2,4]);
grid on ;
f1t=subs(ft,t,t-1);                                                   %f1(t)信号
subplot(2,2,2);
ezplot(f1t,[-4,4]);
axis([-4,4,-2,4]);
title('f1t=f(t-1)');
grid on;
f2t=subs(ft,t,2*t-2);                                                 %f2(t)信号
subplot(2,2,3);
ezplot(f2t,[-4,4]);
title('f2t=f(2t-2)');
axis([-4,4,-2,4]);
grid on;
f3t=subs(ft,t,-2*t+2);                                                %f3(t)信号
```

```
subplot(2,2,4);
ezplot(f3t,[-4,4]);
title('f3t=f(-2t+2)');
axis([-4,4,-2,4]);
grid on;
```

程序运行结果所生成的波形如图 2-9 所示。

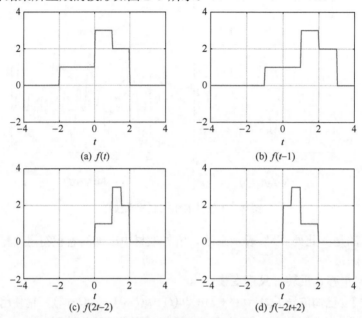

图 2-9　信号的平移、反转、尺度变换对应的波形

3. 信号的微分、积分

【例 2.2-3】 已知信号 $f_1(t)=(t+2)[u(t+2)-u(t)]+(t-1)[u(t-1)-u(t-2)]$，$f_2(t)=(t+2)[u(t+2)-u(t)]$，请使用 MATLAB 绘出信号 $f_1(t)$ 的微分信号波形、信号 $f_2(t)$ 的积分信号波形。

解：MATLAB 程序如下：

```
syms t;
f1t=(t+2)*(heaviside(t+2)-heaviside(t))+(t-1)*(heaviside(t-1)-heaviside(t-2));   %f1(t)信号
subplot(2,2,1);
ezplot(f1t,[-3,3]);
title('f1(t)');
y1t=diff(f1t);                            %对 f1(t)信号进行微分
subplot(2,2,2);
ezplot(y1t,[-3,3]);
title('df1(t)/dt');
subplot(2,2,3);
f2t=(t+2)*(heaviside(t+2)-heaviside(t));   %f2(t)信号
ezplot(f2t,[-3,3]);
title('f2(t)');
y2t=int(f2t);                             %对 f2(t)信号进行积分
subplot(2,2,4);
```

```
ezplot(y2t,[-3,3]);
title('int(f2(t))');
```

程序运行结果所生成的波形如图 2-10 所示。

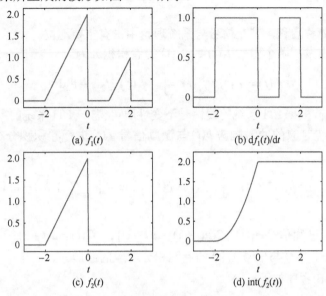

图 2-10 信号的微分、积分运算对应的波形

三、实验步骤

（1）设计程序代码，绘出信号 $[1+\cos(t)][u(t)-u(t-2\pi)]$ 的时域波形。

（2）已知信号 $f(t)=u(t-2)+tu(t)-2u(t+2)$ 设计程序代码，绘出信号 $f(2-3t)$、$f(2-t)u(2-t)$ 的时域波形。

（3）设计程序代码，绘出信号 $(1-t)\dfrac{\mathrm{d}}{\mathrm{d}t}(\mathrm{e}^{-t})$ 的时域波形。

（4）设计程序代码，绘出信号 $\displaystyle\int_{-\infty}^{\infty}(t^2+1)\delta\left(\dfrac{t}{2}\right)$ 的时域波形。

（5）设计程序代码，绘出信号 $\dfrac{\sin(5t-10)}{t-2}$ 的时域波形。

（6）设计程序代码，绘出信号 $\displaystyle\int_{-\infty}^{\infty}(t^3-t^2+2t+1)\delta(t-5)\mathrm{d}t$ 的时域波形。

四、实验报告

按要求完成实验操作和记录。

2.3 连续时间信号的卷积积分

一、实验目的

（1）通过本实验了解并掌握 MATLAB 关于卷积函数的使用方法。

（2）通过本实验掌握各种常见信号的卷积在 MATLAB 中的生成方法，并通过对常见信号的卷积过程，加深对卷积积分运算的理解。

二、实验原理

卷积积分，简称卷积，其在信号与系统理论中占有重要地位。

从数学角度出发，两个函数 $f_1(t)$、$f_2(t)$ 的卷积积分为

$$f(t) = f_1(t) * f_2(t) = \int_{-\infty}^{\infty} f_1(\tau) \cdot f_2(t-\tau) \mathrm{d}\tau \qquad (2\text{-}13)$$

对于 LTI 系统，根据 LTI 系统的线性时不变性质可得，该 LTI 系统的零状态响应 $y_{zs}(t)$ 可以由该 LTI 系统对应的冲激响应 $h(t)$ 与激励信号 $f(t)$ 进行卷积积分得到，具体可表示为

$$y_{zs}(t) = h(t) * f(t) = \int_{-\infty}^{\infty} h(\tau) \cdot f(t-\tau) \mathrm{d}\tau = \int_{-\infty}^{\infty} f(\tau) \cdot h(t-\tau) \mathrm{d}\tau \qquad (2\text{-}14)$$

【程序示例】

【例 2.3-1】 已知信号 $f_1(t) = 2[u(t+1) - u(t-1)]$，$f_2(t) = u(t+3) - u(t-3)$，请使用 MATLAB 绘出信号 $f_1(t)$ 与信号 $f_2(t)$ 的卷积积分对应的波形。

解：MATLAB 程序如下：

```
syms t;
dt=0.001;
k1=-5:dt:5;
f1=2*(heaviside(k1+1)-heaviside(k1-1));        %f1(t)信号
subplot(3,1,1);
plot(k1,f1);
axis([-5,5,-1,4]);
title('f1(t)');
grid on;
k2=k1;
f2=heaviside(k2+3)-heaviside(k2-3);            %f2(t)信号
subplot(3,1,2);
plot(k2,f2);
axis([-5,5,-1,4]);
title('f2(t)');
grid on;
[y,k]=sconv(f1,f2,k1,k2,dt);                   % f1(t)与 f2(t)卷积
subplot(3,1,3);
plot(k,y);
axis([-5,5,-1,6]);
title('y=f1(t)*f2(t)');
grid on;
```

程序运行结果所生成的波形如图 2-11 所示。

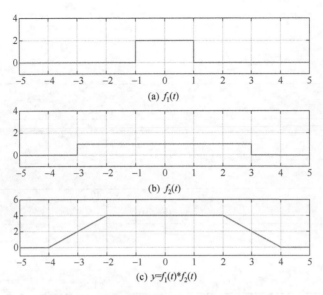

图 2-11 两信号的卷积积分运算对应的波形

【例 2.3-2】 已知信号 $f_1(t) = e^{-0.25t}$，$f_2(t) = 1$，请使用 MATLAB 绘出信号 $f_1(t)$ 与信号 $f_2(t)$ 的卷积积分对应的波形。

解：MATLAB 程序如下：

```
t1=0:20;
f1=exp(-0.25*t1);                    %f1(t)信号
subplot(3,1,1);
plot(t1,f1);
axis([0,20,0,1.2*max(f1)]);
title('f1(t)');
grid on;
t2=0:15;
f2=ones(1,length(t2));               %f2(t)信号
subplot(3,1,2);
plot(t2,f2);
axis([0,15,0,1.2]);
title('f2(t)');
grid on;
y=conv(f1,f2);                       % f1(t)与f2(t)卷积
subplot(3,1,3);
plot(y);
axis([0,30,-1,1.2*max(y)]);
title('y=f1(t)*f2(t)');
grid on;
```

程序运行结果所生成的波形如图 2-12 所示。

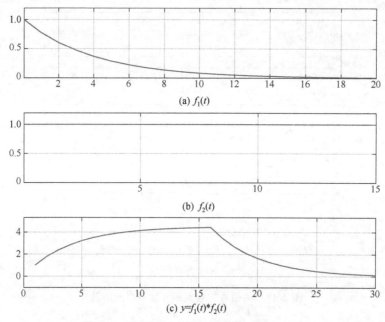

图 2-12　两信号的卷积积分运算对应的波形

三、实验步骤

（1）已知 $f_1(t) = tu(t)$、$f_2(t) = u(t)$，设计程序代码，绘出信号 $f_1(t) * f_2(t)$ 的时域波形。

（2）已知 $f_1(t) = tu(t-1)$、$f_2(t) = u(t-3)$，设计程序代码，绘出信号 $f_1(t) * f_2(t)$ 的时域波形。

（3）已知 $f_1(t) = e^{-3t}u(t)$、$f_2(t) = u(t)$，设计程序代码，绘出信号 $f_1(t) * f_2(t)$ 的时域波形。

（4）已知 $f_1(t) = e^{-3t}u(t+2)$、$f_2(t) = u(t-1)$，设计程序代码，绘出信号 $f_1(t) * f_2(t)$ 的时域波形。

（5）已知 $f_1(t) = u(t+5) - u(t-5)$，设计程序代码，绘出信号 $f_1(t) * f_1(t)$ 的时域波形。

（6）已知 $f_1(t) = u(t)$，设计程序代码，绘出信号 $f_1(t) * f_1(t)$ 的时域波形。

四、实验报告

按要求完成实验操作和记录。

2.4　连续系统的冲激响应与阶跃响应

一、实验目的

（1）通过本实验掌握 MATLAB 构建系统函数的方法。
（2）通过本实验掌握连续时间系统的系统响应。

二、实验原理

在卷积积分中，最常见的函数是冲激函数、阶跃函数，当激励信号 $f(t) = \delta(t)$ 时，

该 LTI 系统的零状态响应 $y_{zs}(t)$ 为冲激响应 $h(t)$:
$$h(t) = h(t) * \delta(t) \tag{2-15}$$

当激励信号 $f(t) = u(t)$ 时,该 LTI 系统的零状态响应 $y_{zs}(t)$ 为阶跃响应 $g(t)$:
$$g(t) = h(t) * u(t) \tag{2-16}$$

【程序示例】

【例 2.4-1】 已知连续时间系统的微分方程为 $y''(t) + 5y'(t) + 6y(t) = f'(t) + 5f(t)$,请使用 MATLAB 绘出该系统的冲激响应、阶跃响应对应的波形。

解:MATLAB 程序如下:

```
a=[1,5,6];
b=[1,5];
sys=tf(b,a);                    %构建系统
t=0:0.001:5;
ht=impulse(sys,t);              %求解冲激响应
subplot(2,1,1);
plot(t,ht);
title('冲激响应');
xlabel('时间');
ylabel('幅度');
gt=step(sys,t);                 %求解阶跃响应
subplot(2,1,2);
plot(t,gt);
title('阶跃响应');
xlabel('时间');
ylabel('幅度');
```

程序运行结果所生成的波形如图 2-13 所示。

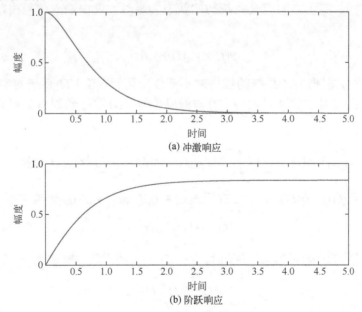

图 2-13 冲激响应、阶跃响应的波形

三、实验步骤

（1）已知描述系统的微分方程是 $y''(t)+5y'(t)+4y(t)=f(t)$，设计程序代码，绘出该系统的冲激响应、阶跃响应的时域波形。

（2）已知描述系统的微分方程是 $y'(t)+2y(t)=f''(t)+3f'(t)+3f(t)$，设计程序代码，绘出该系统的冲激响应、阶跃响应的时域波形。

（3）试用其他方法，如留数法求解：描述系统的微分方程是 $y''(t)+5y'(t)+6y(t)=9f'(t)+5f(t)$，设计程序代码，绘出该系统的冲激响应、阶跃响应的时域波形。

四、实验报告

按要求完成实验操作和记录。

2.5 微分方程的求解

一、实验目的

（1）通过本实验熟练掌握 MATLAB 构建系统函数的方法。
（2）通过本实验掌握连续时间系统的全响应求解方法。

二、实验原理

前面介绍了 LTI 系统的完全响应可以分解为自由响应（齐次解）和强迫响应（特解）。完全响应还可以分解为零输入响应和零状态响应。零输入响应是激励为零时仅由系统的初始状态所引起的响应，用 y_{zi} 表示。零输入状态下，微分方程等号右端为零，为齐次方程。零状态响应是系统初始状态为零时，仅由输入信号引起的响应，用 y_{zs} 表示。

$$y(t)=y_{zs}(t)+y_{zi}(t) \tag{2-17}$$

于 LTI 系统，根据 LTI 系统的线性时不变性质可得，该 LTI 系统的零状态响应 y_{zs} 可以由该 LTI 系统对应的冲激响应 $h(t)$ 与激励信号 $f(t)$ 进行卷积积分得到，具体可表示为

$$y_{zs}(t)=h(t)*f(t)=\int_{-\infty}^{\infty}h(\tau)\cdot f(t-\tau)\mathrm{d}\tau=\int_{-\infty}^{\infty}f(\tau)\cdot h(t-\tau)\mathrm{d}\tau \tag{2-18}$$

当激励信号 $f(t)=\delta(t)$ 时，该 LTI 系统的零状态响应 y_{zs} 为冲激响应 $h(t)$：

$$h(t)=h(t)*\delta(t) \tag{2-19}$$

当激励信号 $f(t)$ 为任意连续信号时，该 LTI 系统的零状态响应为

$$y_{zs}(t)=h(t)*f(t) \tag{2-20}$$

【程序示例】

【例 2.5-1】 已知描述某 LTI 系统的微分方程为 $y''(t)+4y'(t)+3y(t)=f(t)$，系统初始状态 $y(0_-)=1$，$y'(0_-)=2$。当激励信号为 $f(t)=\mathrm{e}^{-2t}u(t)$ 时，用 MATLAB 求系统全响应。

解：MATLAB 程序如下：

```
syms t y f;
syms t y f;
f=exp(-2*t).*heaviside(t);
subplot(2,2,1);
ezplot(t,f);
axis([0,5,0,1.2]);
xlabel('t');
ylabel('f(t)');
title('激励函数 f(t)');
grid on;
y1=dsolve('D2y+4*Dy+3*y=0','y(0)=1,Dy(0)=2');
yzi=y1;
subplot(2,2,2);
ezplot(t,yzi);
axis([0,5,0,1.5]);
xlabel('t');
ylabel('yzi(t)');
title('零输入响应 yzi(t)');
grid on;
y2=dsolve('D2y+4*Dy+3*y=exp(-2*t)','y(0)=0,Dy(0)=0');
yzs=y2;
subplot(2,2,3);
ezplot(t,yzs);
axis([0,5,0,1.2]);
xlabel('t');
ylabel('yzs(t)');
title('零状态响应 yzs(t)');
grid on;
y3=dsolve('D2y+4*Dy+3*y=exp(-2*t)','y(0)=1,Dy(0)=2');
y=y3;
subplot(2,2,4);
ezplot(t,y);
axis([0,5,0,1.5]);
xlabel('t');
ylabel('y(t)');
```

```
title('全响应 y(t)');
grid on;
```

可知，其运行结果：

$$y = 3*\exp(-t) - \exp(-2*t) - \exp(-3*t)$$

程序运行结果所生成的波形如图 2-14 所示。

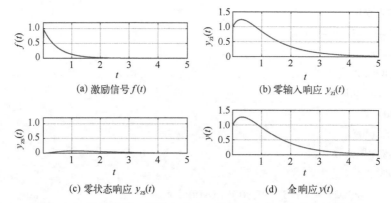

图 2-14 激励信号、零输入响应、零状态响应、全响应的波形

三、实验步骤

（1）已知描述系统的微分方程是 $y''(t)+5y'(t)+4y(t)=f(t)$，设计程序代码，绘出该系统的零输入响应、零状态响应、全响应的时域波形。

（2）已知描述系统的微分方程是 $y'(t)+2y(t)=f''(t)+3f'(t)+3f(t)$，设计程序代码，绘出该系统的零输入响应、零状态响应、全响应的时域波形。

（3）试用其他方法，如卷积积分方法求解：描述系统的微分方程是 $y''(t)+5y'(t)+6y(t)=9f'(t)+5f(t)$，设计程序代码，绘出该系统的零状态响应的时域波形。

四、实验报告

按要求完成实验操作和记录。

2.6 连续时间周期信号的分解和合成

一、实验目的

（1）通过本实验掌握 MATLAB 构建周期信号的方法。
（2）通过本实验掌握周期信号的傅里叶变换。
（3）通过本实验理解吉布斯效应。

二、实验原理

设周期信号 $f(t)$ 的周期为 T，角频率 $\Omega = 2\pi F = \dfrac{2\pi}{T}$，则其可以分解为

$$f(t) = \frac{a_0}{2} + a_1\cos(\Omega t) + a_2\cos(2\Omega t) + \cdots + b_1\sin(\Omega t) + b_2\sin(2\Omega t) + \cdots$$

$$= \frac{a_0}{2} + \sum_{n=1}^{\infty} a_n\cos(n\Omega t) + \sum_{n=1}^{\infty} b_n\sin(n\Omega t) \quad (2\text{-}21)$$

$$= \frac{A_0}{2} + \sum_{n=1}^{\infty} A_n\cos(n\Omega t + \varphi_n)$$

式中： $a_n = \frac{2}{T}\int_{-\frac{T}{2}}^{\frac{T}{2}} f(t)\cos(n\Omega t)\mathrm{d}t$, $n = 0,1,2,\cdots$; $b_n = \frac{2}{T}\int_{-\frac{T}{2}}^{\frac{T}{2}} f(t)\sin(n\Omega t)\mathrm{d}t$, $n = 0,1,2,\cdots$; $A_0 = a_0$; $A_n = \sqrt{a_n^2 + b_n^2}$, $n = 1,2,\cdots$; $\varphi_n = -\arctan\left(\frac{b_n}{a_n}\right)$。

当周期信号 $f(t)$ 为偶函数时，由于 $f(t) = f(-t)$，相应的波形为纵轴对称。则该周期信号可以分解为

$$f(t) = \frac{a_0}{2} + a_1\cos(\Omega t) + a_2\cos(2\Omega t) + \cdots + b_1\sin(\Omega t) + b_2\sin(2\Omega t) + \cdots$$

$$= \frac{a_0}{2} + \sum_{n=1}^{\infty} a_n\cos(n\Omega t) + \sum_{n=1}^{\infty} b_n\sin(n\Omega t)$$

$$= \frac{A_0}{2} + \sum_{n=1}^{\infty} A_n\cos(n\Omega t + \varphi_n)$$

式中：$a_n = \frac{4}{T}\int_0^{\frac{T}{2}} f(t)\cos(n\Omega t)\mathrm{d}t$, $n = 0,1,2,\cdots$; $b_n = 0$, $n = 0,1,2,\cdots$。

当周期信号 $f(t)$ 为奇函数时，由于 $f(t) = -f(-t)$，相应的波形为原点对称。则该周期信号可以分解为

$$f(t) = \frac{a_0}{2} + a_1\cos(\Omega t) + a_2\cos(2\Omega t) + \cdots + b_1\sin(\Omega t) + b_2\sin(2\Omega t) + \cdots$$

$$= \frac{a_0}{2} + \sum_{n=1}^{\infty} a_n\cos(n\Omega t) + \sum_{n=1}^{\infty} b_n\sin(n\Omega t)$$

$$= \frac{A_0}{2} + \sum_{n=1}^{\infty} A_n\cos(n\Omega t + \varphi_n)$$

式中：$a_n = 0$, $n = 0,1,2,\cdots$; $b_n = \frac{4}{T}\int_0^{\frac{T}{2}} f(t)\sin(n\Omega t)\mathrm{d}t$, $n = 0,1,2,\cdots$。

【程序示例】

【例 2.6-1】 已知周期方波信号如图 2-15 所示（图中只画出一个周期的波形），试用 MATLAB 分别画出基波信号、各次谐波信号叠加所合成的波形图。

解：MATLAB 程序如下：

```
T=100;
dt=0.01;
```

```
t=0:dt:2*T;
y=10*rectpuls(t,100);
subplot(2,2,1);
plot(t,y);
axis([0 100 0 12]);
title('原信号');
grid on;
w1=2*pi/T;
y1=10*sin(w1*t);
subplot(2,2,2);
plot(t,y1);
axis([0 100 0 12]);
title('基波');
grid on;
y2=10*[sin(w1*t)+1/3*sin(3*w1*t)];
subplot(2,2,3);
plot(t,y2);
axis([0 100 0 12]);
title('基波~3 次谐波');
grid on;
y3=10*[sin(w1*t)+1/3*sin(3*w1*t)+1/5*sin(5*w1*t)+1/7*sin(7*w1*t)+1/9*sin(9*w1*t)];
subplot(2,2,4);
plot(t,y3);
axis([0 100 0 12]);
title('基波~9 次谐波');
grid on;
```

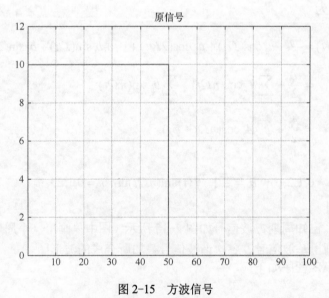

图 2-15　方波信号

程序运行所生成的波形如图 2-16 所示。

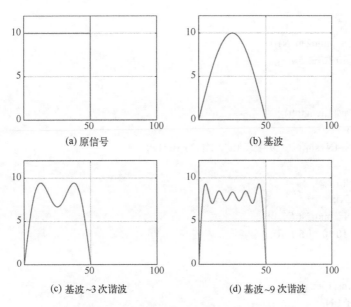

图 2-16 N 次谐波叠加合成的信号波形

【例 2.6-2】 已知周期锯齿波信号如图 2-17 所示，试用 MATLAB 分别画出 $N=5$、$N=15$、$N=30$ 时的合成波形图。

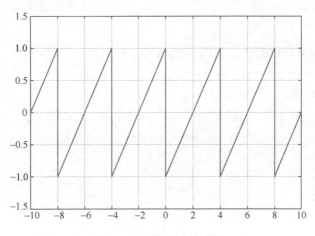

图 2-17 周期锯齿波信号

解：MATLAB 程序如下：

```
t=-10:0.001:10;
N=5;
F0=0;
fN=zeros(1,length(t));
for n=1:1:N;
    fN=fN+sin(pi*n*t/2)*(2/(n*pi)*(-1)^(n+1));
end
subplot(3,1,1);
```

```
plot(t,fN);
title(['N=',num2str(N)]);
axis([-10 10 -1.5 1.5]);
N=15;
F0=0;
fN=zeros(1,length(t));
for n=1:1:N;
    fN=fN+sin(pi*n*t/2)*(2/(n*pi)*(-1)^(n+1));
end
subplot(3,1,2);
plot(t,fN);
title(['N=',num2str(N)]);
axis([-10 10 -1.5 1.5]);
N=30;
F0=0;
fN=zeros(1,length(t));
for n=1:1:N;
    fN=fN+sin(pi*n*t/2)*(2/(n*pi)*(-1)^(n+1));
end
subplot(3,1,3);
plot(t,fN);
title(['N=',num2str(N)]);
axis([-10 10 -1.5 1.5]);
```

程序运行结果所生成的波形如图 2-18 所示。

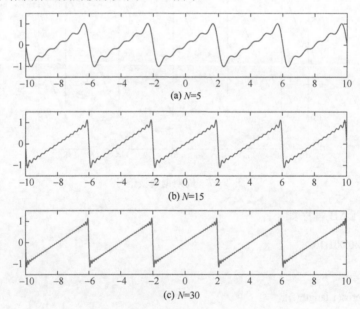

图 2-18 周期锯齿波的 N 次谐波的合成波形

三、实验步骤

给定周期为 4、脉冲宽度为 2、幅值为 2 的周期矩形信号，设计程序代码，计算其傅里叶级数，绘出 N=10、N=20 时的合成波形图。

四、实验报告

按要求完成实验操作和记录。

2.7 连续时间周期信号的频谱

一、实验目的

（1）通过本实验掌握 MATLAB 中连续时间周期信号的频谱分析方法，熟悉傅里叶变换相关子函数。

（2）通过本实验进一步掌握周期信号的傅里叶变换。

二、实验原理

设周期信号 $f(t)$ 可以分解一系列余弦信号或虚指数信号之和，即

$$f(t) = \frac{A_0}{2} + \sum_{n=1}^{\infty} A_n \cos(n\Omega t + \varphi_n) = \sum_{n=-\infty}^{\infty} F_n e^{jn\Omega t} \quad (2-22)$$

其中，
$$A_0 = a_0$$
$$A_n = \sqrt{a_n^2 + b_n^2}, \quad n = 1, 2, \cdots$$
$$\varphi_n = -\arctan\left(\frac{b_n}{a_n}\right)$$
$$F_n = \frac{1}{2} A_n e^{j\varphi_n} = |F_n| e^{j\varphi_n}$$

以频率或角频率为横坐标，以各次谐波的振幅 A_n 或者虚指数函数的振幅 $|F_n|$ 为纵坐标，所构成的线图称为幅度频谱或幅度谱。

以频率或角频率为横坐标，以各次谐波的初相角 φ_n 为纵坐标，所构成的线图称为相位频谱或相位谱。

【程序示例】

【例 2.7-1】已知周期性矩形脉冲信号波形如图 2-19 所示，试用 MATLAB 求该周期性矩形脉冲信号的频谱。

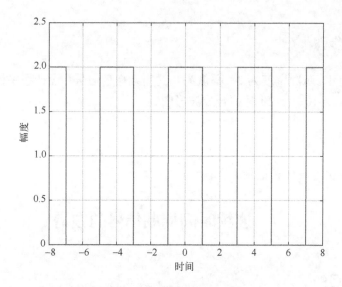

图 2-19　周期性矩形脉冲信号

解：MATLAB 程序如下：

```
syms w t f;
T=4;
width=2;
A=2;
t1=-T/2:0.01:T/2;
f1t=2*[abs(t1)<width/2];
t2=[t1-2*T t1-T t1 t1+T t1+2*T];
ft=repmat(f1t,1,5);
subplot(3,1,1);
plot(t2,ft);
axis([-8 8 0 2.5]);
xlabel('\fontsize{10}时间');
ylabel('\fontsize{10}幅度');
title('周期性矩形脉冲信号 f(t)');
grid on;
w0=2*pi/T;
N=10;
K=0:N;
for k=0:N;
    factor=['exp(-j*t*',num2str(w0),'*',num2str(k),')'];
    f_t=[num2str(A),'*rectpuls(t,2)'];
    Fn(k+1)=quad([f_t,'.*',factor],-T/2,T/2)/T;
end
subplot(3,1,2);
stem(K*w0,abs(Fn));
```

```
axis([0 16 0 1.2]);
xlabel('nw0');
ylabel('|F(w)|');
title('振幅谱');
grid on;
ph=angle(Fn);
subplot(3,1,3);
stem(K*w0,ph);
axis([0 16 0 4]);
xlabel('nw0');
title('相位谱');
grid on;
```

程序运行结果所生成的波形如图 2-20 所示。

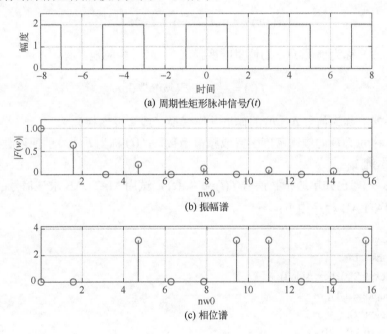

图 2-20　周期性矩形脉冲信号的频谱

三、实验步骤

（1）给定周期为 4、脉冲宽度为 2、幅值为 2 的周期矩形信号，设计程序代码，计算其傅里叶级数，绘出其幅度谱和相位谱。

（2）分别改变第 1 题中的周期、脉冲宽度的取值，通过观察所绘出的幅度谱、相位谱，得到时域内信号的周期、脉冲宽度与频谱的关系。

四、实验报告

按要求完成实验操作和记录。

2.8 连续时间非周期信号的频谱

一、实验目的

（1）通过本实验掌握 MATLAB 中连续时间非周期信号的频谱分析方法，进一步熟悉傅里叶变换相关子函数。

（2）通过本实验进一步掌握非周期信号的傅里叶变换、傅里叶逆变换。

二、实验原理

非周期信号 $f(t)$ 可以看作周期 T 为无限大的周期信号，则非周期信号 $f(t)$ 的频谱密度可以表示为

$$F(j\omega) = \lim_{T \to \infty} F_n T \stackrel{\text{def}}{=} \int_{-\infty}^{\infty} f(t) e^{-j\omega t} dt \tag{2-23}$$

式（2-23）称为信号 $f(t)$ 的傅里叶变换（积分）。相应地，有

$$f(t) \stackrel{\text{def}}{=} \frac{1}{2\pi} \int_{-\infty}^{\infty} F(j\omega) e^{j\omega t} d\omega \tag{2-24}$$

式（2-24）称为信号 $F(j\omega)$ 的傅里叶逆变换（或者反变换）。

$F(j\omega)$ 称为 $f(t)$ 的频谱密度函数或频谱函数，$f(t)$ 称为 $F(j\omega)$ 的原函数。

【程序示例】

【例 2.8-1】 已知单边指数信号 $f(t)=e^{-2t}u(t)$，试用 MATLAB 求该信号的振幅谱图。

解：MATLAB 程序如下：

```
clc,clear;
syms w t f;
f=exp(-2*t)*heaviside(t);
subplot(2,1,1);
ezplot(t,f);
axis([0 3 0 1.2]);
xlabel('\fontsize{10}时间');
ylabel('\fontsize{10}幅度');
title('单边指数信号 f(t)');
grid on;
F=fourier(f);
subplot(2,1,2);
ezplot(abs(F),[-8:8]);
xlabel('w');
ylabel('|F(w)|');
title('振幅谱');
grid on;
```

```
f1=ifourier(F,w,t);
subplot(3,1,3);
ezplot(t,f1);
axis([0 3 0 1.2]);
xlabel('\fontsize{10}时间');
ylabel('\fontsize{10}幅度');
title('f1(t)');
grid on;
```

程序运行结果所生成的波形如图 2-21 所示。

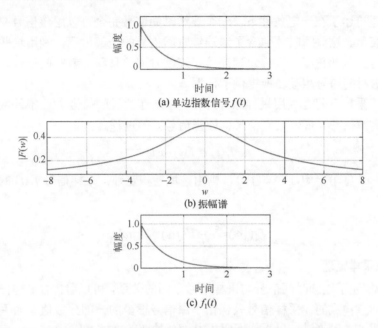

图 2-21 单边指数信号的傅里叶变换与傅里叶反变换

三、实验步骤

（1）已知信号 $f(t)=\mathrm{sgn}(t)\stackrel{\mathrm{def}}{=}\begin{cases}-1 & (t<0)\\ 0 & (t=0)\\ 1 & (t>0)\end{cases}$，设计程序代码，绘出其幅频曲线和相频曲线。

（2）已知描述系统的微分方程是 $y''(t)+4y'(t)+3y(t)=f(t)$，设计程序代码，绘出其幅频曲线和相频曲线。

四、实验报告

按要求完成实验操作和记录。

2.9 采样定理

一、实验目的

(1) 通过本实验了解并掌握 MATLAB 关于采样函数的使用方法。
(2) 通过本实验掌握信号的采样与恢复,加深对离散信号频谱的理解。

二、实验原理

采样定理论述了在一定条件下,一个连续时间信号完全可以用该信号在等时间间隔上的瞬时值表示。这些瞬时值包含了该连续时间信号的全部信息,利用这些瞬时值可以恢复出原信号。从此角度,采样定理连接了连续时间信号和离散时间信号,并为连续时间信号与离散时间信号相互转换提供了依据。

信号的"采样"就是利用采样脉冲序列 $s(t)$ 从连续时间信号 $f(t)$ 中抽取一系列的瞬时值,得到离散信号(或者采样信号、取样信号)的过程。

$$f_s(t) = f(t) \cdot s(t) \tag{2-25}$$

若 $f(t) \leftrightarrow F(j\omega)$、$s(t) \leftrightarrow S(j\omega)$,则由频域卷积定理,采样信号 $f_s(t)$ 的频谱函数可以为

$$F_s(j\omega) = \frac{1}{2\pi} F(j\omega) * S(j\omega) \tag{2-26}$$

1. 时域采样定理

图 2-22 描述了连续时间信号与采样信号之间的关系,可以看出,采样信号是由原信号中抽取的样点构成的,采样信号只保留了原信号很少的一部分数值,而丢弃了原信号大部分的数值。一般来讲,以采样间隔 T_s 从 $x(t)$ 抽取的样本 $x_s(t)$,并不一定能唯一地表示原信号,只有满足一定条件时,样值 $x_s(t)$ 才能唯一地表示原信号。

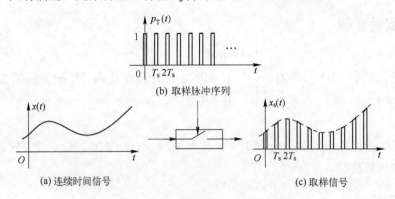

图 2-22 连续时间信号自然采样过程

若 $x(t)$ 为一个带宽有限的连续时间信号,即对于频率 $|f| > f_m$,其频谱密度函数

$X(\mathrm{j}\omega) = X(\mathrm{j}2\pi f) = 0$，其中 f_m 为信号 $x(t)$ 的最高频率，那么以间隔 $T_\mathrm{s} \leqslant \dfrac{1}{2f_\mathrm{m}}$ 对信号进行采样，所得的采样值 $x_\mathrm{s}(t)$ 包含原信号的全部信息，能够从采样值 $x_\mathrm{s}(t)$ 唯一恢复出原信号 $x(t)$。

2. 频域取样定理

若 $x(t)$ 为一个有限时间信号（简称时限信号），即对于 $|t| > t_\mathrm{m}$，$x(t) = 0$。$x(t)$ 的频谱密度函数 $X(\mathrm{j}\omega)$ 为连续谱，那么以间隔 $f_\mathrm{s} \leqslant \dfrac{1}{2t_\mathrm{m}}$ 对信号进行频域采样，所得的采样值 $X_\mathrm{s}(\mathrm{j}\omega)$ 包含原信号的全部信息，能够从采样值 $X_\mathrm{s}(\mathrm{j}\omega)$ 唯一地恢复出原信号的频谱 $X(\mathrm{j}\omega)$。

【程序示例】

【例 2.9-1】已知被采样信号 $f(t) = \mathrm{Sa}(t)$，当采样频率为 $\omega_\mathrm{s} = 2B$，此时为 Nyquist 采样，则 $\omega_\mathrm{s} = 2B$。请使用 MATLAB 对采样及恢复过程进行仿真。

解：MATLAB 程序如下：

```
B=1;                    %信号带宽
wc=B;                   %滤波器截止频率
Ts=pi/B;                %采样间隔
ws=2*pi/Ts;             %采样角频率
N=100;                  %滤波器时域采样点数
n=-N:N;
nTs=n.*Ts;              %采样数据的采样时间
fs=sinc(nTs/pi);        %函数的采样点
Dt=0.005;               %恢复信号的采样间隔
t=-15:Dt:15;            %恢复信号的范围
fa=fs*Ts*wc/pi*sinc((wc/pi)*(ones(length(nTs),1)*t-nTs'*ones(1,length(t))));   %信号重构
error=abs(fa-sinc(t/pi));    %求重构信号与原信号的归一化误差
t1=-15:0.5:15;
f1=sinc(t1/pi);
subplot(3,1,1);
stem(t1,f1,'linewidth',1);
xlabel('kTs');
ylabel('f(kTs)');
title('sa(t)=sinc(t/pi)Nyquist 采样信号');
subplot(3,1,2);
plot(t,fa,'linewidth',1);
xlabel('t');
ylabel('fa(t)');
title('由 sa(t)=sinc(t/pi)Nyquist 采样信号重构 sa(t)');
grid;
subplot(3,1,3);
plot(t,error);
```

```
xlabel('t');
ylabel('error(t)');
title('Nyquist 采样信号与原信号的误差');
```

程序运行所生成的波形如图 2-23 所示。

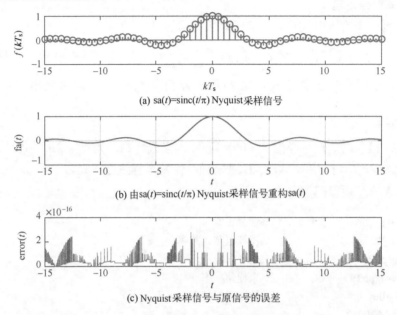

(a) sa(t)=sinc(t/π) Nyquist 采样信号

(b) 由 sa(t)=sinc(t/π) Nyquist 采样信号重构 sa(t)

(c) Nyquist 采样信号与原信号的误差

图 2-23 采样速率等于 Nyquist 采样速率时的信号重构

三、实验步骤

（1）已知被采样信号 $f(t) = g_2(t)$，设计程序代码，绘出采样后信号的时域波形、频域波形。

（2）对于步骤（1），通过改变采样信号的频率，绘出重新采样后信号的时域波形、频域波形。

（3）设计程序代码，实现对步骤（1）中的采样信号的重构，并绘出重构信号的时域波形。

四、实验报告

按要求完成实验操作和记录。

2.10 离散时间信号的卷积

一、实验目的

（1）通过本实验了解并掌握 MATLAB 关于离散卷积和函数的使用方法。

（2）通过本实验掌握各种常见信号的离散卷积和在 MATLAB 中的生成方法，并通过对常见信号的卷积和过程，加深对离散卷积和运算的理解。

二、实验原理

卷积和，简称卷积，其在信号与系统理论中占有重要地位。

从数学角度出发，两个序列 $f_1(k)$、$f_2(k)$ 的卷积和为

$$f(k) = f_1(k) * f_2(k) \stackrel{\text{def}}{=} \sum_{i=-\infty}^{\infty} f_1(i) \cdot f_2(k-i) \tag{2-27}$$

对于 LTI 系统，根据 LTI 系统的线性时不变性质可得，该 LTI 系统的零状态响应 $y_{zs}(k)$ 可以由该 LTI 系统对应的单位响应 $h(k)$ 与激励信号 $f(k)$ 进行卷积和得到，具体可表示为

$$y_{zs}(k) = h(k) * f(k) = \sum_{i=-\infty}^{\infty} h(i) \cdot f(k-i) = \sum_{i=-\infty}^{\infty} f(i) \cdot h(k-i) \tag{2-28}$$

【程序示例】

【例 2.10-1】 已知序列 $f_1(n) = \begin{cases} n+1 & (n=0,1,2) \\ 0 & (\text{其余}) \end{cases}$，$f_2(n) = \begin{cases} 1 & (n=0,1,2,3) \\ 0 & (\text{其余}) \end{cases}$，请使用 MATLAB 绘出序列 $f_1(n)$ 与序列 $f_2(n)$ 的卷积和。

解：MATLAB 程序如下：

```
n1=0:2;
f1=[1,2,3];
subplot(3,1,1);
stem(n1,f1);
title('f1(n)');
grid on;
n2=0:3;
f2=[1,1,1,1];
subplot(3,1,2);
stem(n2,f2);
title('f2(n)');
grid on;
y=conv(f1,f2);
n3=n1(1)+n2(1):n1(length(n1))+n2(length(n2));
subplot(3,1,3);
stem(n3,y);
title('y=f1(n)*f2(n)');
grid on;
```

程序运行结果所生成的波形如图 2-24 所示。

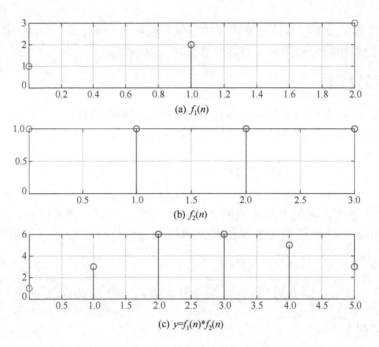

图 2-24 两序列的卷积和

【例 2.10-2】已知序列 $f_1(n) = \left(\dfrac{1}{3}\right)^n$，$f_2(n) = 2^n$，请使用 MATLAB 绘出序列 $f_1(n)$ 与序列 $f_2(n)$ 的卷积和。

解：MATLAB 程序如下：

```
n1=0:3;
f1=(1/3).^n1;
subplot(3,1,1);
stem(n1,f1);
title('f1(n)');
grid on;
n2=0:3;
f2=(2).^n2;
subplot(3,1,2);
stem(n2,f2);
title('f2(n)');
grid on;
y=conv(f1,f2);
n3=n1(1)+n2(1):n1(length(n1))+n2(length(n2));
subplot(3,1,3);
stem(n3,y);
title('y(n)=f1(n)*f2(n)');
grid on;
```

程序运行结果所生成的波形如图 2-25 所示。

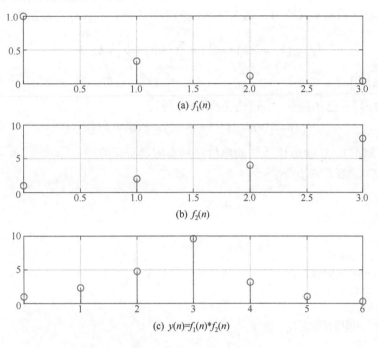

图 2-25 两序列的卷积和

三、实验步骤

（1）已知 $f_1(n) = n[u(n) - u(n-5)]$、$f_2(n) = \left(\dfrac{1}{2}\right)^n [u(n) - u(n-8)]$，设计程序代码，绘出信号 $f_1(n) * f_2(n)$ 的时域波形。

（2）已知 $f_1(n) = u(n) - u(n-5)$，设计程序代码，绘出信号 $f_1(n) * f_1(n)$ 的时域波形。

四、实验报告

按要求完成实验操作和记录。

2.11 离散系统的单位序列响应与阶跃响应

一、实验目的

（1）通过本实验掌握 MATLAB 构建离散系统函数的方法。
（2）通过本实验掌握离散时间系统的系统响应。

二、实验原理

在卷积积分中，最常见的函数是单位序列、单位阶跃序列，当激励信号 $f(k) = \delta(k)$ 时，该 LTI 系统的零状态响应 $y_{zs}(k)$ 为单位序列响应 $h(k)$：

$$h(k) = h(k) * \delta(k) \tag{2-29}$$

当激励信号 $f(k) = u(k)$ 时，该 LTI 系统的零状态响应 $y_{zs}(k)$ 为阶跃响应 $g(k)$：

$$g(k) = h(k) * u(k) = \sum_{i=-\infty}^{k} h(i) = \sum_{i=0}^{\infty} h(k-i) \tag{2-30}$$

【程序示例】

【例 2.11-1】 已知离散时间系统的差分方程为

$$y(n) + 4y(n-1) + 3y(n-2) = f(n) + 2f(n-1)$$

请使用 MATLAB 绘出该系统的单位序列响应、阶跃响应。

解：MATLAB 程序如下：

```
n=1:8;
a=[1 4 3];
b=[1 2];
h=impz(b,a,n);
g=stepz(b,a,length(n));
subplot(2,1,1);
stem(n,h);
title('单位序列响应');
grid on;
subplot(2,1,2);
stem(n,g);
title('阶跃响应');
grid on;
```

程序运行结果所生成的波形如图 2-26 所示。

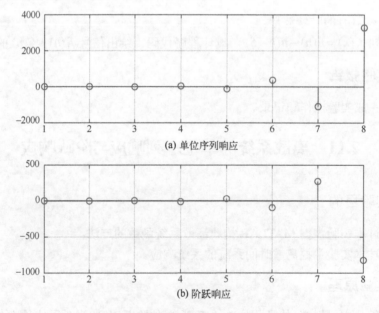

(a) 单位序列响应

(b) 阶跃响应

图 2-26 单位序列响应、阶跃响应

【例 2.11-2】 已知离散时间系统的差分方程为
$$y(n)+5y(n-1)+4y(n-2)=f(n)+3f(n-1)$$
当激励信号 $f(n)=\left(\dfrac{1}{2}\right)^{n}u(n)$ 时，请使用 MATLAB 绘出该系统的单位序列响应、阶跃响应及零状态响应。

解：MATLAB 程序如下：

```
syms z n;
n=8;
k=0:n;
a=[1 5 4];
b=[1 3];
f=(0.5).^k;
subplot(4,1,1);
stem(k,f);
title('f(n)');
grid on;
h=impz(b,a,k);
subplot(4,1,2);
stem(k,h);
title('单位序列响应');
grid on;
g=stepz(b,a,k);
subplot(4,1,3);
stem(k,g);
title('阶跃响应');
grid on;
y1=filter(b,a,f);
subplot(4,1,4);
stem(k,y1);
title('零状态响应');
grid on;
```

程序运行结果所生成的波形如图 2-27 所示。

三、实验步骤

（1）已知描述系统的差分方程是 $y(n)-\dfrac{1}{2}y(n-1)=f(n)$，设计程序代码，绘出该系统的冲激响应、阶跃响应的时域波形。

（2）已知描述系统的差分方程是 $y(n)+3y(n-1)+2y(n-2)=f(n)$，设计程序代码，绘出该系统的冲激响应、阶跃响应的时域波形。

四、实验报告

按要求完成实验操作和记录。

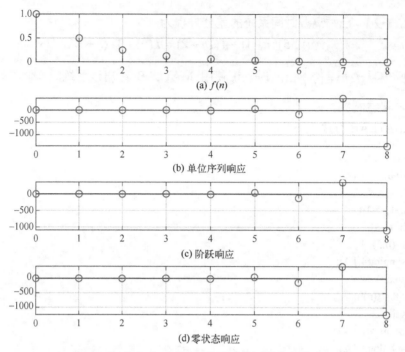

图 2-27 单位序列响应、阶跃响应、零状态响应

2.12 差分方程的求解

一、实验目的

(1) 通过本实验熟练掌握 MATLAB 构建系统函数的方法。
(2) 通过本实验掌握离散时间系统的全响应求解方法。

二、实验原理

对前面介绍了，LTI 系统的完全响应可以分解为自由响应（齐次解）和强迫响应（特解）。完全响应还可以分解为零输入响应和零状态响应。零输入响应是激励为零时仅由系统的初始状态所引起的响应，用 y_{zi} 表示。零输入状态下，微分方程等号右端为零，为齐次方程。零状态响应是系统初始状态为零时，仅由输入信号引起的响应，用 y_{zs} 表示。

$$y(k) = y_{zs}(k) + y_{zi}(k) \tag{2-31}$$

当激励信号 $f(k) = \delta(k)$ 时，该 LTI 系统的零状态响应 y_{zs} 为单位响应 $h(k)$：

$$h(k) = h(k) * \delta(k) \tag{2-32}$$

当激励信号 $f(k)$ 任意离散信号时，该 LTI 系统的零状态响应为

$$y_{zs}(k) = h(k) * f(k) \tag{2-33}$$

【程序示例】

【例 2.12-1】 已知连续时间系统的微分方程为

$$y(n) - y(n-1) + 2y(n-2) = f(n), y(-2) = \frac{1}{6}, y(-1) = 0$$

当 $f(n)=\cos(\pi n)u(n)$，请使用 MATLAB 绘出该系统的全响应对应的波形。

解：MATLAB 程序如下：

```
n=1:10;
F=cos(n*pi);
subplot(2,1,1);
stem(n,F);
axis([0 10 -1.2 1.2]);
xlabel('n');
title('f(n)');
grid on;
F(1)=-1;F(2)=1;
Y(1)=1/3;Y(2)=4;
for k=3:13
    Y(k)=F(k)-2* Y(k-2)+ Y(k-1)
end
n1=n-3;
subplot(2,1,2);
stem(n1,Y);
xlabel('n');
title('y(n)');
grid on;
```

程序运行结果所生成的波形如图 2-28 所示。

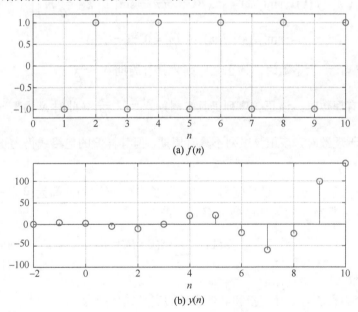

(a) $f(n)$

(b) $y(n)$

图 2-28 激励函数、全响应的波形

三、实验步骤

（1）已知描述系统的差分方程是 $y(n)+2y(n-1)+y(n)-2=2f(n)$，激励信号

$f(n)=\left(\dfrac{1}{2}\right)^{n}u(n)$，$y(-1)=3, y(-2)=-5$，设计程序代码，绘出该系统的零输入响应、零状态响应、全响应的时域波形（选取 $n=1:20$）。

（2）设一篮球从高处下落，每次下落后经地面反弹至其下落高度的 $\dfrac{1}{2}$，设其初始距离地面为 20m，$y(n)$ 表示其第 n 次反弹后的最大高度，设计程序代码，求解并绘出 $y(n)$。

四、实验报告

按要求完成实验操作和记录。

2.13 离散时间周期信号的频谱

一、实验目的

（1）通过本实验掌握 MATLAB 中离散时间周期信号的频谱分析方法，熟悉傅里叶变换相关子函数。

（2）通过本实验进一步掌握离散时间周期信号的傅里叶变换。

二、实验原理

对于正弦序列（或余弦序列）

$$f(k)=\sin(\beta k)=\sin(\beta k+2m\pi)=\sin\left[\beta\left(k+\dfrac{2\pi}{\beta}m\right)\right]$$
$$=\sin[\beta(k+Nm)] \quad (m=0,\pm 1,\pm 2,\cdots) \tag{2-34}$$

可知，仅当 $\dfrac{2\pi}{\beta}$ 为整数时，该正弦序列才具有周期 $N=\dfrac{2\pi}{\beta}$。

当 $\dfrac{2\pi}{\beta}$ 为有理数时，该正弦序列仍具有周期 $N=M\dfrac{2\pi}{\beta}$（此时 N 为整数）。

当 $\dfrac{2\pi}{\beta}$ 为无理数时，该正弦序列不具有周期，但其样值的包络线仍为正弦函数，具有周期性。

从周期延拓角度出发，设长度为 N 的有限长序列 $f(k)$ 的区间为 $[0, N-1]$，将该有限长序列延拓成周期为 N 的周期序列 $f_N(k)$，即有

$$f_N(k)=\sum_{l=-\infty}^{\infty}f(k+lN)$$

其中，l 取整数。

则其对应的离散傅里叶变换和其逆变换的定义式分别为

$$F(n)=\mathrm{DTF}[f(k)]=\sum_{k=0}^{N-1}f(k)\mathrm{e}^{-\mathrm{j}\frac{2\pi}{N}kn}=\sum_{k=0}^{N-1}f(k)W^{kn} \quad (0\leqslant n\leqslant N-1)$$

$$f(k)=\mathrm{IDFT}[F(n)]=\dfrac{1}{N}\sum_{n=0}^{N-1}F(n)\mathrm{e}^{\mathrm{j}\frac{2\pi}{N}kn}=\dfrac{1}{N}\sum_{n=0}^{N-1}F(n)W^{kn} \quad (0\leqslant k\leqslant N-1) \tag{2-35}$$

【程序示例】

【例 2.13-1】 已知离散时间周期正弦序列信号 $x(n) = 2\cos\left(\dfrac{3\pi}{4}n\right)$，用 MATLAB 求该序列的频谱。

解：MATLAB 程序如下：

```
N=32;
n=0:N-1;
x=2*cos(3*pi*n/4);
xk=fft(x,N);
subplot(2,1,1);
stem(n-N/2,abs(fftshift(xk)));
axis([-16,16,0,40]);
xlabel('k/w0');
ylabel('幅度');
title('幅频特性');
grid on;
subplot(2,1,2);
stem(n-N/2,angle(fftshift(xk)));
axis([-16,16,-4,4]);
xlabel('k/w0');
ylabel('相位');
title('相频特性');
grid on;
```

程序运行结果所生成的波形如图 2-29 所示。

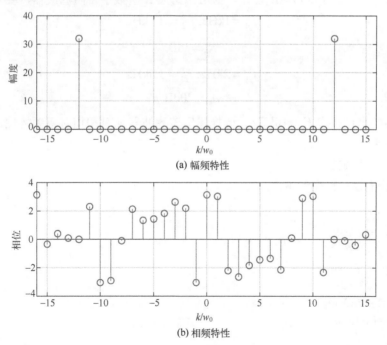

(a) 幅频特性

(b) 相频特性

图 2-29 离散时间周期正弦序列信号的频谱

三、实验步骤

已知可使用 square 函数生成方波信号,设计程序代码,要求生成一频率为 10Hz、幅值为 2 的方波信号,对其进行采样并进行 FFT 运算,绘出原方波信号、采样后的时间信号与相应的频谱图。

四、实验报告

按要求完成实验操作和记录。

2.14　数字滤波器

一、实验目的

(1) 通过本实验掌握 MATLAB 中有关数字滤波器的相关函数。
(2) 通过本实验学习数字滤波器的编写,并加深对数字滤波器的理解。

二、实验原理

滤波器的功能是让指定频率范围内的信号通过,且将指定范围外的信号进行抑制或者加剧衰减。滤波器按作用可以分为低通滤波器、带通滤波器、高通滤波器、带阻滤波器 4 种类型。具体可参见 1.8 节的实验原理。

【程序示例】

【例 2.14-1】 用 MATLAB 设计一款切比雪夫 II 型数字带阻滤波器,要求如下:

$$f_{p1} = 1\text{kHz}, f_{p2} = 4.5\text{kHz}$$

$$R_p = 1\text{dB}$$

$$f_{s1} = 2\text{kHz}, f_{s2} = 3.5\text{kHz}$$

$$A_s = 20\text{dB}$$

滤波器的采样频率 $F_s = 10\text{kHz}$,请描述出该滤波器绝对和相对幅频特性、相频特性、零极点分布图。

求该序列的频谱。

解:MATLAB 程序如下:

```
fs=10;
wp1=1/(fs/2);
wp2=4.5/(fs/2);
wp=[wp1,wp2];
ws1=2/(fs/2);
ws2=3.5/(fs/2);
ws=[ws1,ws2];
Rp=1;
As=20;
```

```
[n,wc]=cheb2ord(wp,ws,Rp,As);
[b,a]=cheby2(n,As,wc,'stop');
[H,w]=freqz(b,a,512,fs);
dbH=20*log10((abs(H)+eps)/max(abs(H)));
subplot(2,2,1);
plot(w/pi,abs(H));
ylabel('|H|');
title('幅频特性');
grid on;
subplot(2,2,2);
plot(w/pi,angle(H));
ylabel('|H|');
title('相频特性');
grid on;
subplot(2,2,3);
plot(w/pi,dbH);
xlabel('频率*pi ');
ylabel('|dB|');
title('幅频特性(dB)');
grid on;
subplot(2,2,4);
zplane(b,a);
xlabel('Real Part');
ylabel('Imaginary Part');
title('零极图');
grid on;
```

程序运行结果所生成的波形如图 2-30 所示。

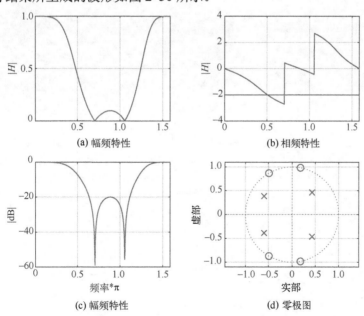

图 2-30 切比雪夫 II 型数字带阻滤波器特性

三、实验步骤

一 3 阶的切比雪夫 I 型数字高通滤波器,其截止频率 ω_c、通带衰减 $R_p = 1\text{dB}$,阻带衰减 $A_s = 20\text{dB}$,设计程序代码,绘出其绝对和相对幅频特性曲线。

四、实验报告

按要求完成实验操作和记录。

第3章 应用拓展实验

3.1 音频信号采集及观测

一、实验目的
（1）了解音频信号特征及其数字化采集方法。
（2）采集一段音频数据，并观测音频的时域波形。

二、实验仪器
（1）数据采集&虚拟仪器模块 S10　　　　　1块
（2）信号源及频率计模块 S2　　　　　　　　1块
（3）USB-D 数据连接线　　　　　　　　　　1根
（4）耳麦　　　　　　　　　　　　　　　　1副
（5）双踪示波器　　　　　　　　　　　　　1台
（6）计算机（包含上位机软件）　　　　　　1台

三、实验原理

1. 语音信号

语音信号是携带音频信息的音频声波，如果经过声电转换就可以得到音频的电信号，而语音信号的数字处理基于音频信号的数字化表示，模拟音频信号经过 A/D 转换后就得到离散的音频信号数字化采样。语音的数字化采样值以文件形式存储到计算机中，就可以通过使用有关软件工具或者自编程序读出并显示在计算机屏幕上，从而得到便于观察分析的音频时域波形图。

根据语音信号的日常应用情况，语音可以大致分为 3 类：窄带（电话带宽 300～3400Hz）音频、宽带（7kHz）音频和音乐带宽（20kHz）音频。其中，窄带音频的采样率通常为 8kHz，一般应用于音频通信中；宽带（7kHz）音频采样率通常为 16kHz，一般用于要求更高音质的应用中，如电视会议；而带宽 20kHz 的音频适用于音乐数字化，采样率一般高达 44.1kHz。

图 3-1 是某段歌曲的时域波形图，该音频段的频谱宽度为 300～3400Hz，采样频率为 8kHz，持续时间为 0.1s。从图 3-1 中可以看出，音频信号有很强的"时变特性"，有些波段具有很强的周期性，有些波段具有很强的噪声特性，且周期性音频和噪声性音频的特征也在不断变化中。

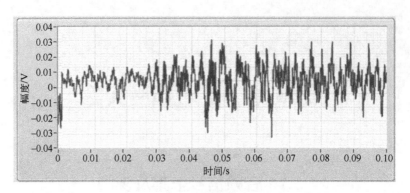

图 3-1 音频信号时域波形图

音频按其激励形式的不同主要可以分为两类。

浊音：当气流通过声门时，如果声带的张力刚好使声带发生张弛振荡式的振荡，产生一股准周期的气流，这一气流激励声道就产生浊音。

清音：当气流通过声门时，如果声带不振动，而在某处收缩，迫使气流以高速通过这一收缩部分而产生湍流，就得到清音。

图 3-2 给出了清音和浊音的波形示意图。

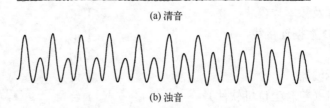

图 3-2 清音和浊音波形示意图

2. 实验说明

本实验的架构如图 3-3 所示。

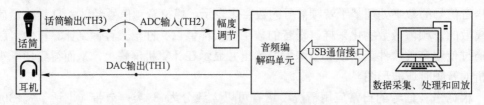

图 3-3 音频信号采集及回放示意图

本实验主要采用音频编解码芯片 PCM2912A 完成信号的采集编码和解码输出。实验中可以将话筒信号作为被采集信号，将话筒输出接入音频编码的 ADC 输入端；被采集信号经过 PCM2912A 完成数字化处理；编码数据经 USB 数据线送至计算机的上位机软件，进行音频信号的时域或频域观测、分析和处理；处理后的信号再回放传输给 PCM2912A 进行音频译码；最后可通过示波器观测 DAC 输出端口的波形，或者通过耳机直观感受音频处理效果。PCM2912A 是一款单声道麦克风输入和立体声耳机输出的音频编解码器，专为便携数字音频应用而设计，能提供 CD 音质的音频录音和回放。

四、实验步骤

（1）用 USB-D 数据线连接计算机和模块 S10。
（2）将耳麦接入模块 S10 的话筒接口 MIC1 和耳机接口 PHONE1。
（3）将模块 S10 的话筒输出 TH3 端口接入 ADC 输入 TH2 端口。打开实验箱以及模块的电源。
（4）检查并配置计算机的【声音(S)】选项，使系统的默认播放设备为"扬声器 USB audio CODEC"，默认录制设备为"麦克风 USB audio CODEC"。
（5）运行计算机的上位机软件，单击【信号采集与滤波】图标。
（6）单击【开始采集】，对着话筒说话，此时可以观察实时采集到的音频信号时域波形。
（7）再拆除模块 S10 的话筒输出 TH3 与 ADC 输入 TH2 之间的连线。将模块 S2 的模拟输出 P2 连接至模块 S10 的 ADC 输入端口。
（8）设置模块 S2 的信号源输出信号，配合调节模块 S10 的幅度调节旋钮，并适当调节水平缩放滑块和垂直缩放滑块，观察并记录处理前的信号时域波形。注：适当调节模块 S10 上的幅度调节旋钮，可以对 ADC 输入端口的信号进行幅度调理，避免输入信号过大或过小。

五、实验报告

按表 3-1 采集并记录不同的信号源的时域波形。

表 3-1

信号类型	频率/Hz	软件设置和显示			信号时域波形
		输入信号 V_{pp}/V	单格电压/mV	显示时间/ms	
正弦波	500	1	500	20	
三角波	500	1	1000	10	
方波	500	1	500	20	

3.2 音频信号采集及 FFT 频谱分析

一、实验目的

（1）了解音频信号的频谱成分。
（2）采集一段音频信号并进行 FFT 频谱分析。

二、实验仪器

（1）数据采集&虚拟仪器模块 S10　　　　　1 块
（2）信号源及频率计模块 S2　　　　　　　　1 块
（3）USB-D 数据连接线　　　　　　　　　　1 根

(4) 耳麦   1 副
(5) 双踪示波器   1 台
(6) 计算机（包含上位机软件）   1 台

三、实验原理

语音信号是较为复杂的音频信号，单纯只对其时域进行分析，有时候往往会不尽如人意，而如果此时我们引入一个新的分析视角，通过傅里叶变换将时域信号映射到频域上，有时可能会有惊人的效果。

比如，在实际生活中，我们对一段嘈杂的音频进行频域分析，便有可能从中确定声音来源，可以看到信号中包含的众多频率成分，其中有些频率成分对语音的产生效果有比较大的影响，若缺少它，则语音的语义就会完全失真；而有些频率成分则是噪声信号，若缺少它，对语音的音频效果基本没有影响，若此时再通过频率选择性滤波处理去除噪声频率成分，就能够很好地提取出对我们有用的信息，即实现去噪效果。所以，对音频信号进行频谱分析具有很好的实际意义和应用前景。

如图 3-4 所示，本实验主要采用音频编解码芯片 PCM2912A 完成信号的采集编码和解码输出。通过模块 S10 的 ADC 输入端口，采集音频信号，经 PCM2912A 完成数字化处理后，通过 USB 数据线送至上位机软件。上位机软件将采集信号数据进行频谱分析和展示。

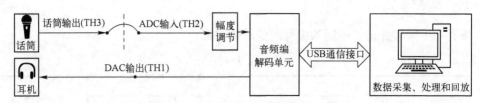

图 3-4　音频信号采集及回放示意图

四、实验步骤

(1) 用 USB-D 数据线连接计算机和模块 S10。

(2) 将耳麦接入模块 S10 的话筒接口 MIC1 和耳机接口 PHONE1。

(3) 将模块 S10 的话筒输出 TH3 端口接入 ADC 输入 TH2 端口。打开实验箱以及模块的电源。

(4) 检查并配置计算机的【声音(S)】选项，使系统的默认播放设备为"扬声器 USB audio CODEC"，默认录制设备为"麦克风 USB audio CODEC"。

(5) 运行计算机的上位机软件，单击【信号采集与滤波】图标。

(6) 单击【开始采集】，对着话筒说话，此时可以观察实时采集到的音频信号频域波形。

(7) 再拆除模块 S10 的话筒输出 TH3 与 ADC 输入 TH2 之间的连线。将模块 S2 的模拟输出 P2 连接至模块 S10 的 ADC 输入端口。

(8) 设置模块 S2 的信号源输出信号，配合调节模块 S10 的幅度调节旋钮，并适当调节水平缩放滑块和垂直缩放滑块，观察并记录处理前的信号频域波形。注：适当调节模块 S10 上的幅度调节旋钮，可以对 ADC 输入端口的信号进行幅度调节，避免输入信号过大或过小。

五、实验报告

按表 3-2 采集并记录不同的信号源的频域波形。

表 3-2

信号类型	频率/Hz	软件设置和显示			信号频域波形
		输入信号 V_{pp}/V	单格电压/mV	显示时间/ms	
正弦波	500	1	500	20	
三角波	500	1	1000	10	
方波	500	1	500	20	

3.3 音频信号采集及尺度变换

一、实验目的

（1）了解信号的尺度变换原理。
（2）采集一段音频信号，并观测信号经尺度变换处理后的输出效果。

二、实验仪器

（1）数据采集&虚拟仪器模块 S10　　　　　　1 块
（2）信号源及频率计模块 S2　　　　　　　　　1 块
（3）USB-D 数据连接线　　　　　　　　　　　1 根
（4）耳麦　　　　　　　　　　　　　　　　　1 副
（5）双踪示波器　　　　　　　　　　　　　　1 台
（6）计算机（包含上位机软件）　　　　　　　1 台

三、实验原理

尺度变换是指如果信号在时域进行压缩（或者扩展），则该信号在频域也会相应地进行扩展（或者压缩）。

如图 3-5 所示，以矩形脉冲为原始信号进行尺度变换的两个例子。尺度变换的物理含义是，如果信号在时域进行压缩，即当 $a>1$ 时，其频谱将在频域进行相应的扩展；反之，如果信号在时域进行扩展，即当 $1>a>0$ 时，则其频谱将在频域进行压缩。

若 $f(t) \leftrightarrow F(\omega)$，则 $f(at) \leftrightarrow \dfrac{1}{|a|} F\left(\dfrac{\omega}{a}\right)$，$a$ 为非零函数。

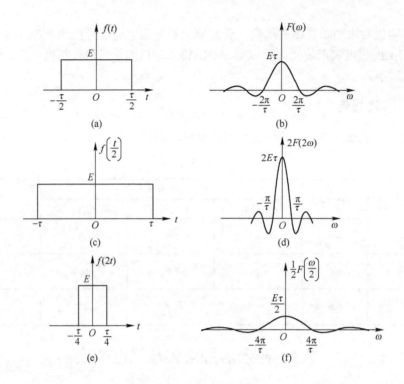

图 3-5 尺度变换的性质

尺度变换所描述的信号在时域和频域中相互制约的反比关系是一个很重要的性质，在信号与系统的分析与综合中往往涉及这个性质。例如，在数据通信网的发展历程中，为了得到高速的传输速率，就必须提高传输媒质的带宽，由此导致了传输媒质从铜线电缆到光缆的变迁。为什么时域压缩会导致频域扩展，而时域扩展会导致频域压缩呢？因为时间坐标尺度的变化会改变信号变化的快慢，当时间坐标尺度压缩时，信号变化加快，因而频率提高了；反之，当时间坐标扩展时，信号变化减慢，因而频率也就降低了。

例如，当播放一盒音乐磁带时，如果播放的速度和录制的速度不同，则人耳所听到的效果将会不同：如果播放的速度快于录制速度（相当于时间压缩），则整个音调将会提高（相当于频域扩展，高频分量增加），特别是在快放时，音调的提高将会非常地明显；反之，如果播放的速度慢于录制速度（相当于时间扩展），则音调将会降低（相当于频域压缩，低频分量增强），此时所听到的音乐将使人感到非常沉闷。另外，当火车高速开过来时，我们也会明显地感觉到汽笛声调的变高，这也是尺度变换的一个例子。

本实验是通过模块 S10 的 ADC 输入端口，采集音频信号，并送至上位机软件。上位机软件将采集信号数据进行存储，然后按照所选的系数对信号进行尺度变换处理，最后通过回放展示和观察处理后的信号（图 3-6）。

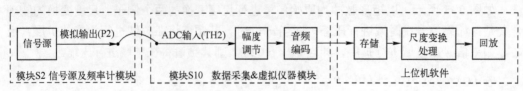

图 3-6 实验框图

在本实验中，尺度变换是通过对语音的数据文件提高或减慢播放速度来实现的。通过对原始信号、快速播放信号、减速播放信号的频谱分析，加深对尺度变换的理解。

四、实验步骤

（1）用 USB-D 数据线连接计算机和模块 S10。

（2）将耳麦接入模块 S10 的话筒接口 MIC1 和耳机接口 PHONE1。

（3）将模块 S10 的话筒输出 TH3 端口接入 ADC 输入 TH2 端口。打开实验箱以及模块的电源。

（4）检查并配置计算机的【声音(S)】选项，使系统的默认播放设备为"扬声器 USB audio CODEC"，默认录制设备为"麦克风 USB audio CODEC"。

（5）运行计算机的上位机软件。先单击【信号采集与滤波】图标，在信号采集与滤波功能窗口中，将采集存储开关拨至"开"，并设置存储路径，比如"D:/存储 1.wav"。单击【开始采集】，对着话筒录制一段语音，再单击【停止采集】，即可得到录制好的音频文件。返回主界面。

（6）再单击【尺度变换】图标。在尺度变换功能窗口中，在文件路径栏添加刚录制好的音频文件，单击【播放原始信号】，即可播放该音频。

（7）选择变换系数 $f(t*2)$，单击【开始变换】，此时软件对该音频进行尺度变换处理，并显示信号的时域和频域波形。再单击【播放变换结果】，可以听到处理后的音频效果。

（8）同样，再选择变换系数 $f(t/2)$，观测和感受处理后的音频效果。

（9）有兴趣的同学可以拆除模块 S10 的话筒输出 TH3 与 ADC 输入 TH2 之间的连线。将模块 S2 的模拟输出 P2 连接至模块 S10 的 ADC 输入端口。参考上述步骤内容，采集保存输入信号，然后对该保存的音频文件进行尺度变换处理，并观测处理后的音频信号，感受其音频效果。

五、实验报告

按照实验步骤要求，观测并记录实验数据。

3.4 音频信号带限处理及 FIR 滤波器设计

一、实验目的

（1）掌握数字滤波器的基本原理和作用。

（2）采集一段音频信号，设计滤波器系数，观测信号经数字滤波器处理后的输出效果。

二、实验仪器

（1）数据采集&虚拟仪器模块 S10　　　　　　　　1 块
（2）信号源及频率计模块 S2　　　　　　　　　　1 块
（3）USB-D 数据连接线　　　　　　　　　　　　1 根

（4）耳麦　　　　　　　　　　　　　　　　　　1 副
（5）双踪示波器　　　　　　　　　　　　　　　1 台
（6）计算机（包含上位机软件）　　　　　　　　1 台

三、实验原理

本实验是通过模块S10的 ADC 输入端口，采集音频信号，并送至上位机软件。通过上位机软件的滤波器设计窗口完成滤波器参数设计。上位机软件将采集的信号进行滤波处理，并显示输出信号的时域和频域波形，同时将处理后的信号送到模块S10，从 DAC 输出端口输出，可外接至示波器进行测量，或外接至耳机来感受效果。

如图 3-7 所示，将话筒输出 TH3 作为音频源，引入 ADC 输入端口。实验中，我们可以用模块S2的信号源替代话筒输出信号进行测试。

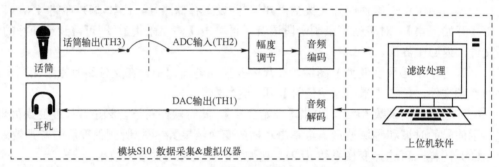

图 3-7　实验框图

在上位机软件的滤波器设计窗口中（图 3-8），可以选择滤波器类型、滤波器的窗函数类型，设置阶数、采样频率以及截止频率等参数，设计完成后可以直观展示该滤波器的频率响应曲线。

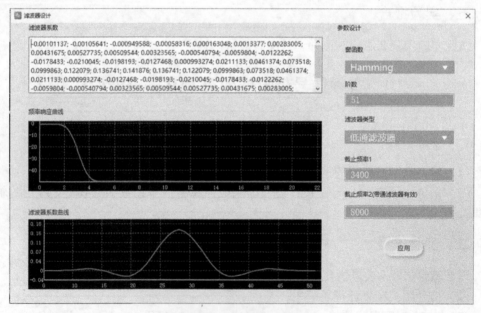

图 3-8　滤波器设计窗口

四、实验步骤

（1）用 USB-D 数据线连接计算机和模块 Ⓢ10。

（2）将模块 Ⓢ2 的模拟输出 P2 连接至模块 Ⓢ10 的 ADC 输入 TH2。打开实验箱以及模块的电源。

（3）检查并配置计算机的【声音(S)】选项，使系统的默认播放设备为"扬声器 USB audio CODEC"，默认录制设备为"麦克风 USB audio CODEC"。

（4）运行计算机的上位机软件，单击【信号采集与滤波】图标。

（5）单击【滤波器设计】功能按键，在弹出的滤波器设计窗口中，将滤波器类型选择为"低通"，将窗函数选择为"Hamming"，将阶数设置为"121"，将截止频率 1(Hz) 设置为"2000"。再单击窗口中的【应用】，即可生成滤波器系数以及响应曲线。关闭该设计窗口。

（6）再单击【开始采集】，此时可以观测到实时采集的模拟信号和滤波处理后的信号的时域和频域波形。适当调节模块 Ⓢ10 上的幅度调节旋钮，可以对 ADC 输入端口的信号进行幅度调节，避免输入信号过大或过小。

（7）设置模块 Ⓢ2，使模拟输出信号为 500Hz 的方波，观测处理前和处理后的波形。

（8）将软件窗口中的信号输出选择开关拨至"处理后"。

（9）将示波器探头接模块 Ⓢ10 的 DAC 输出端口，观测硬件输出的信号波形。

（10）将耳机接入模块 Ⓢ10 的耳机接口。通过耳机感受带限处理后的音频效果。

（11）有兴趣的同学可以自行调节输入信号的波形或频率，自行调整滤波器的设计参数，重新体验带限处理效果。或者将话筒接入模块 Ⓢ10 的话筒接口，并将话筒输出端口 TH3 接入至 ADC 输入端口 TH2，替代原先的模块 Ⓢ2 的信号源，再观测带限处理效果。

五、实验报告

按照实验步骤要求，观测并记录实验数据。

3.5 基于 Simulink 的信号分解与合成仿真

一、实验目的

利用 Simulink 建立信号分解与合成的仿真模型，并观测分解与合成的仿真波形。

二、实验仪器

计算机（已部署 MATLAB 软件）　　　　　　1 台

三、实验原理

图 3-9 是基于 Simulink 的信号分解与合成仿真设计的参考模型。

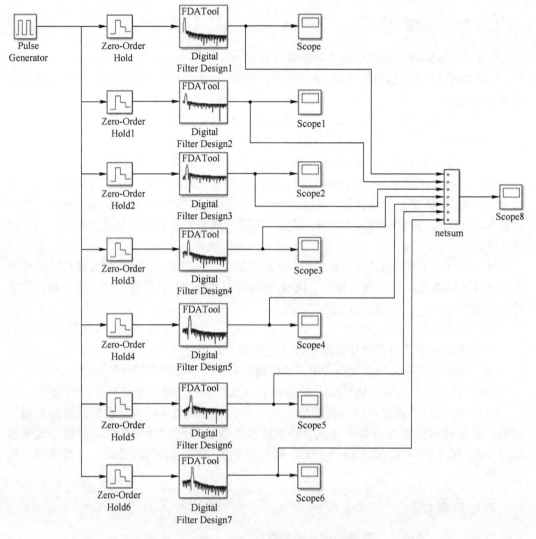

图 3-9 信号分解与合成 Simulink 仿真模型

在信号分解时,可以利用多个带通滤波器,结合信号的频谱特征,设置其中心频率,从而可以滤出得到信号中的各次谐波分量信号。

在信号合成时,若用无穷多个不同频率和不同振幅的周期复指数信号叠加在一起就可以合成一个周期信号,然而,实际是无法实现无穷多个信号的合成,但是用有限项来合成是可以的。

四、实验步骤

(1) 按照实验原理描述内容,搭建信号分解与合成的 Simulink 仿真模型。
(2) 设置 Pulse Generator 模块参数(图 3-10)。
(3) 设置各个 Zero-OrderHold 模块参数(图 3-11)。
(4) 设置 Digital Filter Design1 模块参数(图 3-12)。

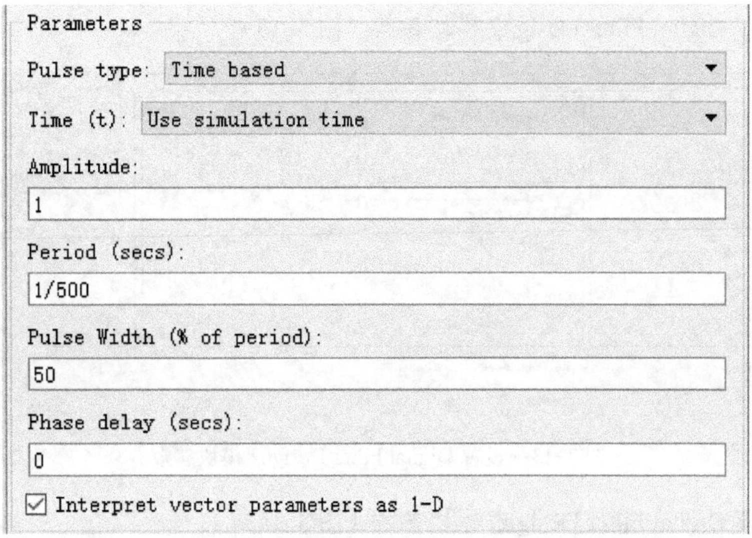

```
Parameters
Pulse type: Time based
Time (t): Use simulation time
Amplitude:
1
Period (secs):
1/500
Pulse Width (% of period):
50
Phase delay (secs):
0
☑ Interpret vector parameters as 1-D
```

图 3-10　设置 Pulse Generator 模块参数

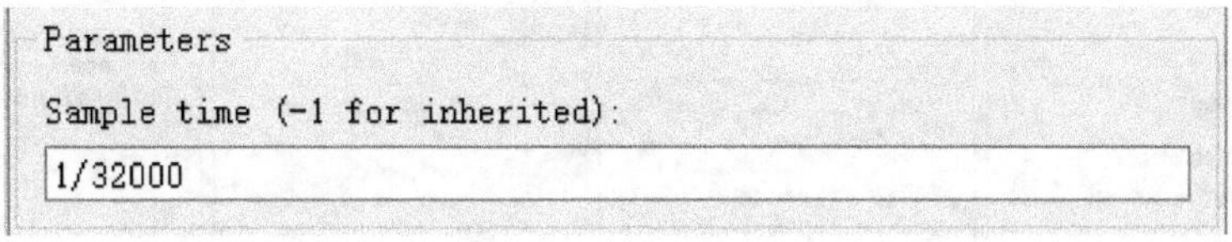

```
Parameters
Sample time (-1 for inherited):
1/32000
```

图 3-11　设置 Zero-OrderHold 模块参数

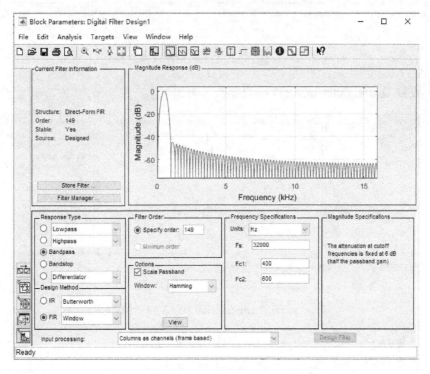

图 3-12　设置 Digital Filter Design1 模块参数

（5）设置 Digital Filter Design2 模块参数（图 3-13）。

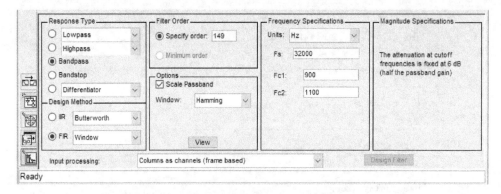

图 3-13　设置 Digital Filter Design2 模块参数

（6）设置 Digital Filter Design3 模块参数（图 3-14）。

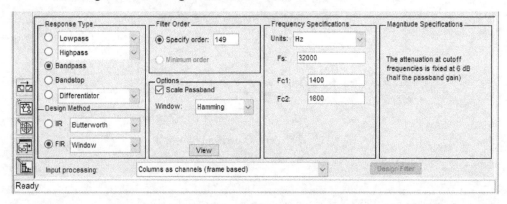

图 3-14　设置 Digital Filter Design3 模块参数

（7）设置 Digital Filter Design4 模块参数（图 3-15）。

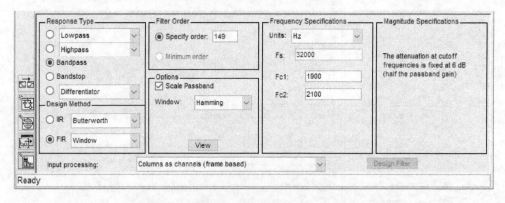

图 3-15　设置 Digital Filter Design4 模块参数

（8）设置 Digital Filter Design5 模块参数（图 3-16）。
（9）设置 Digital Filter Design6 模块参数（图 3-17）。

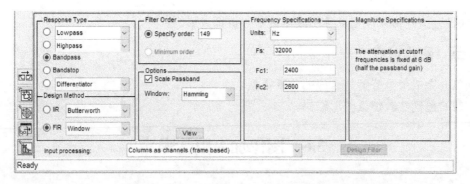

图 3-16　设置 Digital Filter Design5 模块参数

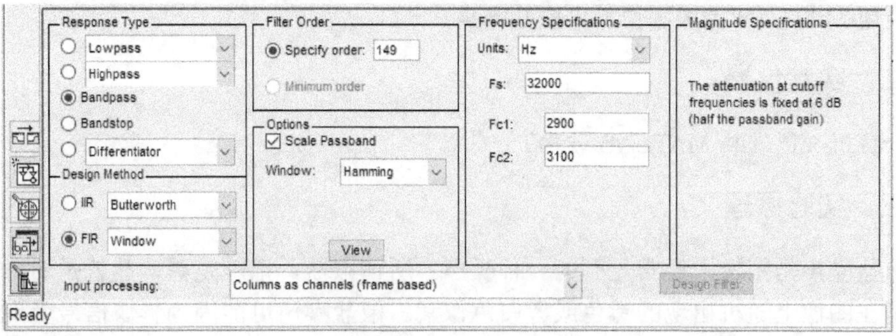

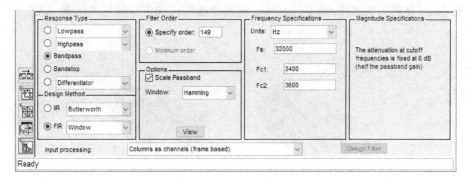

图 3-17　设置 Digital Filter Design6 模块参数

（10）设置 Digital Filter Design7 模块参数（图 3-18）。

图 3-18　设置 Digital Filter Design7 模块参数

（11）设置 netsum 模块参数（图 3-19）。

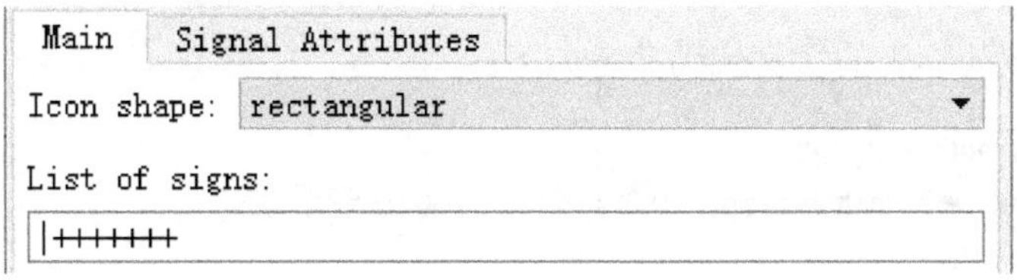

图 3-19　设置 netsum 模块参数

(12) 执行仿真，记录各示波器输出的仿真波形。

五、实验报告

（1）完成信号分解与合成的仿真模型。
（2）整理实验仿真波形结果。

3.6 图像加入椒盐噪声

一、实验目的

利用 MATLAB 完成图像加入椒盐噪声。

二、实验仪器

计算机（已安装 MATLAB 软件）　　　　　　　　1 台

三、实验原理

椒盐噪声是图像中经常见到的一种噪声。所谓椒盐，椒就是黑，盐就是白，椒盐噪声就是在图像上随机出现的黑色或者白色像素。椒盐噪声可能因为影像信号受到突如其来的强烈干扰而产生，一般可以采用中值滤波方法去除。

在图像中添加椒盐噪声的算法比较简单，将图像中的像素值赋为 0，产生黑色噪声，即椒噪声；像素值赋为 255，产生白色噪声，即盐噪声。

图 3-20 是利用 MATLAB 的 imnoise 函数实现图像加入椒盐噪声的效果图。

图 3-20　原图 X 和加入椒盐噪声的效果图 Y

图像加入椒盐噪声的仿真代码参考如下：

```
X = imread('berry.jpg');
Y = imnoise(X, 'salt & pepper', 0.02);        %0.02 表示方差
subplot(1,2,1);
imshow(X);title('X');
subplot(1,2,2);
```

imshow(Y);title('Y');

四、实验步骤

（1）请在 MATLAB 中运行程序代码，查看图像加入椒盐噪声的效果。
（2）修改 imnoise 函数的参数，重新运行仿真，并查看效果。
（3）自行替换图片，重新运行仿真，并查看效果。

五、实验报告

完成实验代码，并记录实验数据。

3.7 图像增强处理

一、实验目的

利用 MATLAB 完成图像增加处理。

二、实验仪器

计算机（已安装 MATLAB 软件）　　　　　　　　1 台

三、实验原理

图像增强是指通过一定图像处理手段对某些图像特征，比如边缘、轮廓、对比度等进行处理，有选择地突出图像中感兴趣的特征或者掩盖图像中某些不需要的特征，从而改善图像的视觉效果。

图像增强大致可分成频率域法和空间域法两大类。频率域法常用的方法包括低通滤波、高通滤波以及同态滤波等。空间域法又分为点运算和模板处理两大类，点运算是作用于单个像素处理方法，包括图像灰度变换、直方图修正、伪彩色增强技术；模板运算是作用于像素领域的处理方法，包括图像平滑、图像锐化等技术。

图 3-21 是利用 MATLAB 软件的 imadjust 函数实现灰度变换的效果图。

图 3-21　原图 X 和灰度变换效果图 Y

图像增强的仿真代码参考如下：

```
X = imread('apple.jpg');
Y = imadjust(X, [0.3 0.9], [0 1]);
subplot(1,2,1);
imshow(X);title('X');
subplot(1,2,2);
imshow(Y);title('Y');
```

四、实验步骤

（1）请在 MATLAB 中运行程序代码，查看图像增强处理的效果。
（2）修改 imadjust 函数的参数，重新运行仿真，并查看效果。
（3）自行替换图片，重新运行仿真，并查看效果。

五、实验报告

完成实验代码，并记录实验数据。

3.8 图像负片处理

一、实验目的

利用 MATLAB 完成图像负片处理。

二、实验仪器

计算机（已安装 MATLAB 软件）　　　　　　1 台

三、实验原理

负片（Negative Film）是经曝光和显影加工后得到的影像，其明暗与被摄体相反，其色彩则为被摄体的补色。我们平常所说的用来冲洗照片的底片就是负片。

图 3-22 是利用 MATLAB 软件的 imcomplement 函数实现图像负片处理的效果图。

图 3-22　原图 X 和图像负片处理效果图 Y

图像负片处理的仿真代码参考如下：

```
X = imread('berry.jpg');
Y = imcomplement(X);
subplot(1,2,1);
imshow(X);title('X');
subplot(1,2,2);
imshow(Y);title('Y');
```

四、实验步骤

（1）请在 MATLAB 中运行程序代码，查看图像负片处理的效果。
（2）修改 imcomplement 函数的参数，重新运行仿真，并查看效果。
（3）自行替换图片，重新运行仿真，并查看效果。

五、实验报告

完成实验代码，并记录实验数据。

3.9 RGB 图像转灰度

一、实验目的

利用 MATLAB 完成 RGB 图像转灰度。

二、实验仪器

计算机（已安装 MATLAB 软件） 1 台

三、实验原理

任何颜色都是由红、绿、蓝三原色组成，而灰度图只有一个通道，它有 256 个灰度等级，255 代表全白，0 表示全黑。日常环境中我们通常获得的是彩色图像，而很多时候我们常常需要将彩色图像转换成灰度图像，也就是说将红 R、绿 G、蓝 B 这 3 个通道转换成 1 个通道。

图 3-23 是利用 MATLAB 软件的 rgb2gray 函数实现 RGB 图像转灰度的效果图。

图 3-23 原图 X 和 RGB 图像转灰度效果图 Y

RGB 图像转灰度的仿真代码参考如下：

```
X = imread('apple.jpg');
Y = rgb2gray(X);
subplot(1,2,1);
imshow(X);title('X');
subplot(1,2,2);
imshow(Y);title('Y');
```

四、实验步骤

（1）请在 MATLAB 中运行程序代码，查看 RGB 图像转灰度处理的效果。
（2）自行替换图片，重新运行仿真，并查看效果。

五、实验报告

完成实验代码，并记录实验数据。

3.10　RGB 图像二值转换

一、实验目的

利用 MATLAB 完成 RGB 图像二值转换。

二、实验仪器

计算机（已安装 MATLAB 软件）　　　　　　1 台

三、实验原理

图像二值化是指将图像上的像素点的灰度值设置为 0 或 255，也就是将整个图像呈现出明显的黑白效果。在数字图像处理中，图像二值化使图像中的数据大为减少，从而能凸显出目标的轮廓。

图 3-24 是利用 MATLAB 软件的 im2bw 函数实现 RGB 图像二值转换的效果图。

RGB 图像二值转换的仿真代码参考如下：

```
X = imread('berry.jpg');
XBW = im2bw(X, 0.4);
subplot(1,2,1);
imshow(X);title('X');
subplot(1,2,2);
imshow(XBW);title('XBW');
```

图 3-24 原图 X 和 RGB 图像二值转换效果图 XBW

四、实验步骤

（1）请在 MATLAB 中运行程序代码，查看 RGB 图像二值转换处理的效果。
（2）修改 im2bw 函数的参数，重新运行仿真，并查看效果。
（3）自行替换图片，重新运行仿真，并查看效果。

五、实验报告

完成实验代码，并记录实验数据。

附录 A 信号与系统实验箱概述

A.1 总 体 介 绍

LTE-XH-03A 信号与系统综合实验箱（见图 A.1 所示）是围绕"信号与系统"课程的实验教学需求而研制的一款实验平台，为信号与系统的时域分析、频域分析提供了丰富的实验项目和实验手段。

图 A.1 实验箱实物图

本书的实验项目所涉及的实验功能模块包括电压表及直流信号源模块S1、信号源及频率计模块S2、采样定理及滤波器模块S3、数字信号处理模块S4、一阶网络模块S5、二阶网络模块S6、信号合成及基本运算单元模块S9、数据采集&虚拟仪器模块S10、高阶滤波器模块S12。

本平台在可靠性、易用性、稳定性以及后期功能拓展等多个方面进行全方位考虑，并对实验教学和维护方面也做了一系列优化，主要有如下特点：

（1）平台自带模拟信号源、时钟信号源、扫频源、电压表、频率计等功能，满足实验项目基本需求。

（2）平台保留了部分离散元件搭建电路，如一阶网络、二阶网络、采样恢复等，同时采用 DSP 数字信号处理技术，更生动、更准确地展示信号的分解与合成、卷积、频谱分析、滤波等，从而解决了因离散元器件电路导致的实验效果不理想等问题，并且还配备有与计算机连接的通信接口，可以结合计算机端的上位机软件进行信号采集分析和处理。

（3）实验模块均采用上下两层保护外壳进行物理保护，并且上下保护壳之间采用可拆卸的卡口式连接，方便收纳以及后期维护。上层采用透明有机玻璃板，只将待连接或待测试端口裸露，有效避免因连线误操作引起的短路或静电损坏等问题。

（4）除了实验箱电源外，每个实验模块独立配有电源开关，学生可以根据实验项目的实际情况，只开启指定模块的电源，这样有效延长了其他模块及器件的使用寿命。

（5）实验模块提供了丰富的中间过程观测点，正面丝印有模块电路功能及简要框图，并且接线端口和测试点的标识也非常清楚，方便学生能够快速熟悉各模块及其功能。

A.2　实验模块介绍

本节分别对实验箱中的各个模块功能及端口做简要说明。

A.2.1　电压表及直流信号源模块 S1

该模块主要包含两个部分：电压表和直流信号源。模块提供独立电源通断开关 S1（图 A.2）。

图 A.2　电压表及直流信号源模块实物图

A.2.1.1 电压表

电压表可测量直流信号的幅度及交流信号的峰峰值,其中直流信号的测量幅度范围为-10～10V,交流信号峰峰值的测量范围是0～20V(交流信号频率范围100Hz～200kHz)。

电压表的测量值通过4个数码管进行显示。当电压表选择直流挡时,左边第一位数码管显示直流电平的正负极性,第二位显示直流电平值的整数位及小数点,后两位显示直流电平值的小数位。当电压表选择交流挡时,右边三位数码管显示所测交流信号的峰峰值。

各端口及测试点如下。

P3(电压表输入):电压表输入端口。

S2:电压表的直流挡位和交流挡位切换开关,用于选择测量直流信号或测量交流信号。

A.2.1.2 直流信号源

直流信号源可输出-5～+5V幅度连续可调的直流信号。各端口及测试点如下。

P1(直流输出1):直流信号1的输出端口。

W1:直流信号电压的控制旋钮。W1控制直流信号1的输出大小。

P2(直流输出2):直流信号2的输出端口。

W2:直流信号电压的控制旋钮。W2控制直流信号2的输出大小。

A.2.2 信号源及频率计模块 S2

信号源及频率计模块包含模拟信号源、扫频源、时钟信号源以及频率计功能(图A.3)。

图A.3 信号源及频率计模块实物图

A.2.2.1 模块端口及测试点说明

P1（频率计输入）：作为频率计测量的信号输入端口。

P2（模拟输出）：模拟信号输出端口。

P3（64k）：此端口输出64kHz正弦波。

P4（256k）：此端口输出256kHz正弦波。

P5（时钟输出）：时钟信号源的输出端口。

S1：模块的供电开关。

S2（模式切换）：开关拨上是"信号源"模式，开关拨下是"频率计"模式。

S3（扫频开关）：扫频源功能的开启和关闭。开关拨上时，开启扫频源；开关拨下时，关闭扫频源。

S4（波形切换）：切换P2端口模拟输出信号，轻按可依次切换成正弦波、三角波、方波。

S5（扫频设置）：扫频设置按钮。当扫频源功能开启时，可配合频率调节旋钮一起，改变扫频源的上下限频率。

S7（时钟频率设置）：轻按可依次选择时钟信号源的输出频率。

W1（幅度调节）：模拟信号源的输出幅度调节旋钮。

ROL1（频率调节）：模拟信号源的频率调节旋钮。旋转该旋钮可以按频率步进调节模拟信号输出频率的大小，顺时针旋转增大频率，逆时针旋转减小频率。频率步进是通过轻按旋钮进行切换，该旋钮下方依次标有×10、×100、×1k的三个指示灯状态代表不同的频率步进，对应关系如表A.1所示。

表 A.1

点亮的LED指示灯	频率步进挡位
×10	10Hz
×100	100Hz
×1k	1kHz
×10 ×1k	10kHz
×100 ×1k	100kHz

A.2.2.2 模拟信号源功能及基本使用说明

模拟信号源功能主要由P2、P3和P4三个端口输出。

其中，P3端口输出固定幅度的64kHz正弦波信号。

P4端口输出固定幅度的256kHz正弦波信号。

P2端口是综合输出端口（注意：使用中，应先根据实际情况考虑是否需要开启扫频源功能。若不需要扫频源，则应先将"扫频开关S3"拨至"OFF"状态，再进行P2端口输出信号的波形、幅度、频率设置操作。）

P2端口可以输出三种波形：正弦波、三角波、方波。P2输出信号是通过"波形切换S4"按键开关进行切换波形；其频率可以通过"频率调节ROL1"旋钮来调节，正弦波频率的可调范围为：10Hz～2MHz，三角波和方波频率的可调范围为10Hz～100kHz。其输出幅度可由"模拟输出幅度调节"旋钮控制，可调范围为0～5V。

参考如下操作说明并熟悉信号源功能使用。

（1）实验系统加电，将"扫频开关 S3"拨至"OFF"状态，即关闭扫频源功能。按下波形切换按钮 S4，如选择输出正弦波，则对应指示灯"SIN"亮。

（2）用示波器进行观察测试点 TP2 或端口 P2，此时可观测到正弦波。

（3）调节信号幅度调节旋钮 W1，可以改变信号输出幅度；按"频率调节 ROL1"可选择频率步进挡位，再旋转 ROL1 可改变频率值，可以改变信号输出频率。

（4）单击 S4 选择三角波，对应的"TRI"指示灯亮，在 TP2 处可以观测到三角波。

（5）按下 S4 选择方波，对应的"SQU"指示灯亮，用示波器在 TP2 处观察方波。

（6）在 P2 输出方波情况下可设置方波的占空比：长按"ROL1"2s，数码管会显示"50"，表示已切换到占空比设置功能，且当前占空比为 50%；然后按"ROL1"来调节方波的占空比，其可调范围是 6%～93%；若再次快速单击"ROL1"，则切换回频率调节功能。

A.2.2.3　扫频源功能说明

当"扫频开关 S3"拨至"ON"状态时，可以开启扫频源功能。当扫频源功能开启后，扫频信号从 P2 端口输出（图 A.4）。

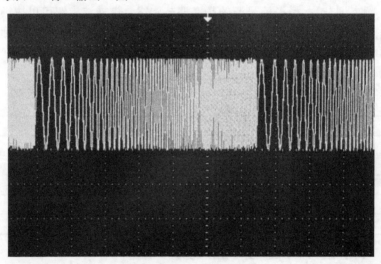

图 A.4　扫频源信号实测图

注：此时频率上限设置为 10000Hz，频率下限设置为 500Hz，分辨率设置为 100。

扫频信号源的设置主要通过"扫频设置 S5"按键、"频率调节 ROL1"旋钮以及"模拟输出幅度调节 W1"旋钮配合调节。

具体方法是：模块开电，将"扫频开关 S3"拨至"ON"状态，即开启扫频功能；此时"上限"指示灯亮时，可通过"ROL1"旋钮改变扫描频率的终止点（最高频率），调节的频率值在数码管上显示。再单击"扫频设置 S5"按键，此时"下限"指示灯亮时，可通过"ROL1"旋钮改变扫描频率的起始点（最低频率），调节的频率值在数码管上显示；再单击"扫频设置 S5"按键，此时"分辨率"指示灯亮时，调节"ROL1"来设置

"下限频率"和"上限频率"之间的频点数。一般而言,频点数越少,扫频速度越快;反之,扫频速度越慢。

A.2.2.4 频率计功能说明

频率计具有内测模式和外测模式,通过"模式切换 S2"开关来选择。当开关 S2 拨至"信号源"时,则数码管显示当前模拟信号源 P2 的输出频率;当开关 S2 拨至"频率计"时,则频率计可测量外部引入信号的频率值,其输入端口为"频率计输入 P1"。

频率计的测量范围为 1Hz~2MHz。

频率计的精确度为 98.6%。

A.2.2.5 时钟信号源功能说明

时钟信号源由"时钟输出 P5"端口输出时钟信号。可通过"时钟频率设置 S7"按键切换输出四种频率,分别为 1kHz、2kHz、4kHz、8kHz。选择其中一种频率时,相应指示灯会亮。

A.2.3 采样定理及滤波器模块 S3

该模块包含两个部分:模拟滤波器和采样定理(图 A.5)。

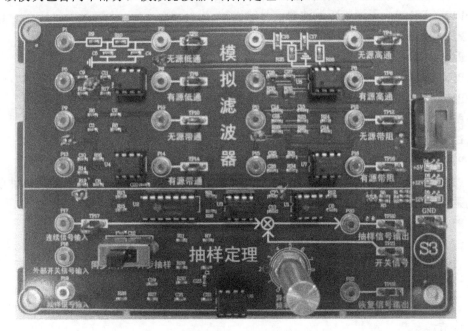

图 A.5 滤波器模块及采样定理实物图

A.2.3.1 模拟滤波器部分

该部分提供了多种有源和无源滤波器,包括无源低通滤波器、有源低通滤波器、无源高通滤波器、有源高通滤波器、无源带通滤波器、有源带通滤波器、无源带阻滤波器、有源带阻滤波器。

各滤波器的截止频率如下。

无源低通滤波器 f_L=20kHz;有源低通滤波器 f_L=17kHz;

无源高通滤波器f_H=14.5kHz；有源高通滤波器f_H=14.5kHz；

无源带通滤波器f_L=1.3kHz、f_H=18.5kHz；有源带通滤波器f_L=2.4kHz、f_H=20.8kHz；

无源带阻滤波器f_L=4.1kHz、f_H=65.2kHz；有源带阻滤波器f_L=6.5kHz、f_H=38kHz。

各端口及测试点如下。

P1：无源低通滤波器信号输入端口。

P2（TP2）：无源低通滤波器信号输出端口。

P3：无源高通滤波器信号输入端口。

P4（TP4）：无源高通滤波器信号输出端口。

P5：有源低通滤波器信号输入端口。

P6（TP6）：有源低通滤波器信号输出端口。

P7：有源高通滤波器信号输入端口。

P8（TP8）：有源高通滤波器信号输出端口。

P9：无源带通滤波器信号输入端口。

P10（TP10）：无源带通滤波器信号输出端口。

P11：无源带阻滤波器信号输入端口。

P12（TP12）：无源带阻滤波器信号输出端口。

P13：有源带通滤波器信号输入端口。

P14（TP14）：有源带通滤波器信号输出端口。

P15：有源带阻滤波器信号输入端口。

P16（TP16）：有源带阻滤波器信号输出端口。

A.2.3.2 采样定理部分

该部分提供了采样电路及恢复电路。各端口及测试点如下。

P17（TP17）：采样电路的信号输入端口及测试点。

P18（外部开关信号输入）：当开关S2拨至"同步采样"时，此端口需外接时钟信号，作为采样电路的采样时钟信号。

P19（采样信号输入）：滤波恢复电路的信号输入端口。

P20（TP20）：采样输出端口及测试点。

TP21（开关信号观测点）：采样电路的采样时钟信号测试点。当开关S2拨至"同步采样"时，此测试点的信号与P18端口外接的信号一致；当开关S2拨至"异步采样"时，此测试点的信号是该模块自带的时钟信号，时钟频率可通过W1异步采样频率调节旋钮进行调节。

P22（TP22恢复信号输出）：滤波恢复电路的输出端口及测试点。

开关S2：选择切换"同步采样"和"异步采样"。

异步采样频率调节旋钮W1：改变异步采样时钟信号的频率。

A.2.4 数字信号处理模块（S4）

数字信号处理模块提供有多种实验功能，采用DSP数字信号处理技术（图A.6）。

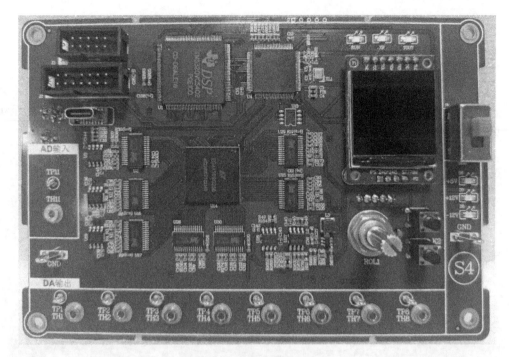

图 A.6　数字信号处理模块

模块端口标识及调节旋钮如下。

A.2.4.1　调节旋钮 ROL1

用于设置模块的实验功能，比如常用信号观测、方波信号分解与合成、矩形信号自卷积、数字滤波器等。

A.2.4.2　按键 K1 和按键 K2

用于设置具体参数，在实验中常配合旋钮 ROL1 一起使用。

A.2.4.3　AD 输入端

TH11（TP11）：模拟信号输入端口。该端口在信号分解、卷积、采样、滤波等实验功能中，常接待处理或待分析的模拟信号。

A.2.4.4　DA 输出端

TH1（TP1）、TH2（TP2）、TH3（TP3）、TH4（TP4）、TH5（TP5）、TH6（TP6）、TH7（TP7）、TH8（TP8）：模拟信号输出端口。

当模块设置为信号分解与合成功能时，这 8 个测试点分别是谐波分量输出测试点，分别为 1 次谐波、2 次谐波、3 次谐波、4 次谐波、5 次谐波、6 次谐波、7 次谐波、8 次及以上谐波。

当模块设置为自卷积功能时，TH1（TP1）是方波自卷积信号的输出测试点。

当模块设置为互卷积功能时，TH2（TP2）是锯齿波信号输出测试点，TH1（TP1）是输入信号 TH11（TP11）与 TH2（TP2）锯齿波的卷积输出测试点。

当模块设置为常规信号观测功能时，TH1（TP1）是常规信号输出测试点。

当模块设置为采样功能时，TH1（TP1）是采样输出信号测试点。

当模块设置为数字滤波器功能时，TH1（TP1）是滤波输出信号测试点。

当模拟设置为数字频率合成功能时，TH1（TP1）是 DDS 数字频率合成信号测试点。模块实验功能和参数设置的基本操作方法如下。

（1）打开实验模块电源，在显示屏上可以看到该模块的实验功能列表界面。

（2）旋转功能旋钮 ROL1，将背景光标移至某个实验功能。

（3）短按 ROL1 后，则进入该实验的参数设置界面。若想从参数设置界面返回至实验功能列表界面，只需长按 ROL1 即可。

（4）在参数设置界面中，通过旋转 ROL1，可以将背景光标移至某个参数选项。再通过单击模块上的按键 K1（或者 K2），改变该参数项的具体值。

A.2.5 一阶网络模块 S5

一阶网络模块包含有三个部分：一阶电路暂态响应电路、阶跃响应和冲激响应电路、无失真传输电路（图 A.7）。

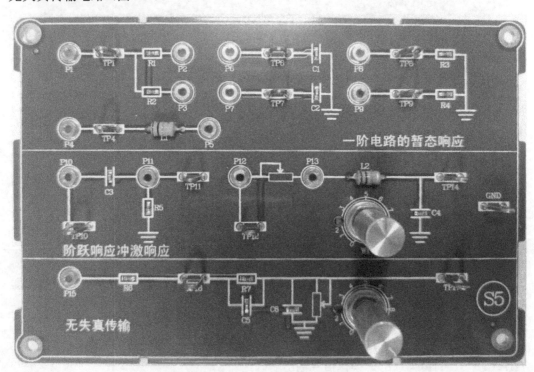

图 A.7 一阶网络模块实物图

A.2.5.1 一阶电路暂态响应电路部分

P1（TP1）：一阶 RC 电路的信号输入端口及测试点。

P2、P3、P6（TP6）、P7（TP7）：一阶 RC 电路的中间连接端口及测试点。

P4（TP4）：一阶 RL 电路的信号输入端口及测试点。

P5、P8（TP8）、P9（TP9）：一阶 RL 电路的中间连接端口及测试点。

A.2.5.2 阶跃响应和冲激响应电路部分

P10（TP10）：在冲激响应实验观测中，将阶跃信号输入此端口，得到冲激信号。

P11（TP11）：在冲激响应实验观测中，冲激信号的输出端口及观测点。
P12（TP12）：RLC 电路的信号输入端口及测试点。
TP14：阶跃响应、冲激响应的信号输出观测点。

A.2.5.3 无失真传输电路部分

P15：信号输入端口。
TP16：信号经电阻衰减观测点。
TP17：响应输出观测点。
W2：阻抗调节电位器，可改变系统传输条件。

A.2.6 二阶网络模块 S6

二阶网络模块主要包括三个部分：二阶电路传输特性、二阶网络状态轨迹和二阶网络函数模拟（图 A.8）。

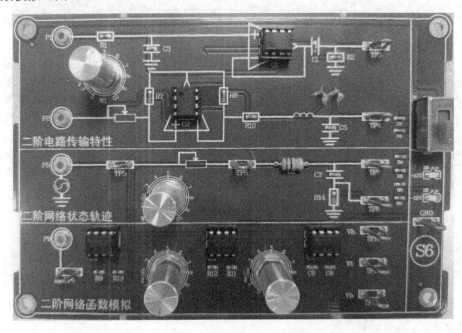

图 A.8 二阶网络模块实物图

A.2.6.1 二阶电路传输特性部分

P1：二阶 RC 电路信号输入端口。
TP3：二阶 RC 电路传输特性测量点。
P2：负阻抗 RLC 串联振荡电路的信号输入端口。
TP4：负阻抗 RLC 串联振荡电路的特性测量点。

A.2.6.2 二阶网络状态轨迹部分

P5：RLC 电路的信号输入端口。
TP5：输入信号波形观测点。
TP6、TP7、TP8：RLC 电路的中间观测点。

A.2.6.3 二阶网络函数模拟部分

P9（TP9）：阶跃信号的输入端口及测试点。
Vh（TP10）：反映的是有两个零点的二阶系统，可以观察阶跃响应的时域解。
Vt（TP11）：反映的是有一个零点的二阶系统，可以观察阶跃响应的时域解。
Vb（TP12）：反映的是没有零点的二阶系统，可以观察阶跃响应的时域解。
W3、W4：对尺度变换的系数进行调节。

A.2.7 信号合成及基本运算单元模块 S9

信号合成及基本运算单元模块主要包括两个部分：基本运算单元和信号合成单元，其模块实物图如图 A.9 所示。

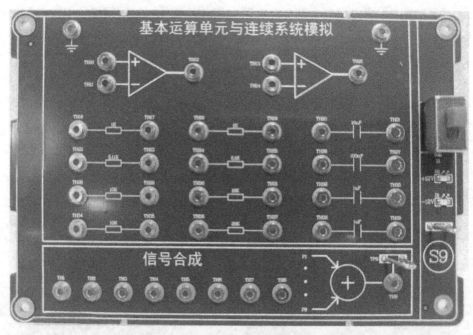

图 A.9 信号合成及基本运算单元模块实物图

A.2.7.1 基本运算单元

基本运算单元提供运放、电阻、电容等元器件，并开放提供了元器件两端的接口，可搭建不同的电路进行测试，比如加法器、比例放大器、积分器等连续时间系统电路。

A.2.7.2 信号合成单元

信号合成单元提供 8 路信号输入接口和 1 路合成输出接口，该单元完成信号合成功能，可与模块 S4 配合完成信号分解和合成实验观测。端口及测试点如下：

TH1、TH2、TH3、TH4、TH5、TH6、TH7、TH8：信号合成单元的 8 路信号输入端口。
TP9(TH9)：信号合成单元的合成输出端口。

A.2.8 数据采集&虚拟仪器模块 S10

数据采集&虚拟仪器模块可以将采集到的信号数据通过 USB 接口实时传输到计算

机，再由计算机进行信号处理。同时，计算机处理后的数据信号也可以通过 USB 接口实时回传到模块，以供后期信号处理或观测（图 A.10）。

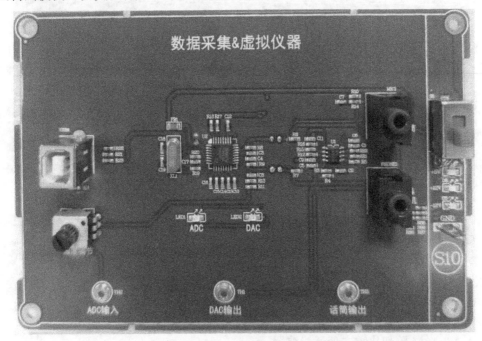

图 A.10　数据采集&虚拟仪器模块实物图

各端口及测试点如下。
USB：模块与计算机的连接端口。
话筒：3.5mm 标准的话筒接口。
话筒输出：话筒信号的输出端口。
ADC 输入：信号采集的输入端口。
DAC 输出：信号经处理后的输出端口，可用于观测。
耳机：3.5mm 标准的耳机接口，可用于感受处理后的音频效果。
目前该模块搭配计算机端的信号处理软件主要完成以下功能：
（1）实时信号采集存储。
（2）实时信号 FFT 频谱分析。
（3）实时信号带限滤波处理。
（4）读取输出指定采集文件数据。
（5）FIR 滤波器设计与滤波器效果验证。
（6）多种信号卷积展示。

A.2.9　高阶滤波器模块 S12

高阶滤波器模块包括四个滤波器电路，分别是 4 阶切比雪夫低通滤波器、4 阶巴特沃斯低通滤波器、4 阶巴特沃斯高通滤波器、8 阶巴特沃斯高通滤波器（图 A.11）。

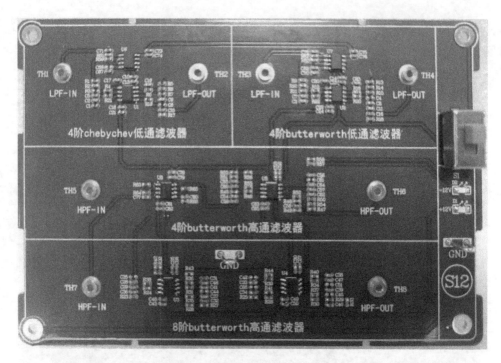

图 A.11 高阶滤波器模块实物图

A.2.9.1 4 阶切比雪夫低通滤波器

该滤波器的-3dB 低通截止频率为 1kHz,-30dB 衰减频率在 1.6kHz 左右,滤波器带内放大倍数波动小于 3dB。端口及测试点如下。

TH1(LPF-IN):4 阶切比雪夫低通滤波器的信号输入端口。

TH2(LPF-OUT):4 阶切比雪夫低通滤波器的信号输出端口。

A.2.9.2 4 阶巴特沃斯低通滤波器

该滤波器的-3dB 低通截止频率为 1kHz,-30dB 衰减频率在 2kHz 左右,滤波器带内放大倍数波动小于 0.5dB。端口及测试点如下。

TH3(LPF-IN):4 阶巴特沃斯低通滤波器的信号输入端口。

TH4(LPF-OUT):4 阶巴特沃斯低通滤波器的信号输出端口。

A.2.9.3 4 阶巴特沃斯高通滤波器

该滤波器的-3dB 高通截止频率为 1kHz,-30dB 衰减频率在 430Hz 左右,滤波器带内放大倍数波动小于 0.5dB。端口及测试点如下。

TH5(HPF-IN):4 阶巴特沃斯高通滤波器的信号输入端口。

TH6(HPF-OUT):4 阶巴特沃斯高通滤波器的信号输出端口。

A.2.9.4 8 阶巴特沃斯高通滤波器

该滤波器的-3dB 高通截止频率为 1kHz,-30dB 衰减频率在 650Hz 左右,滤波器带内放大倍数波动小于 0.5dB。端口及测试点如下。

TH7(HPF-IN):4 阶巴特沃斯高通滤波器的信号输入端口。

TH8(HPF-OUT):4 阶巴特沃斯高通滤波器的信号输出端口。

A.3 常用配件介绍

A.3.1 叠插头连接线

叠插头连接线,简称连接线或测试线,常用于模块端口之间的连接和测试(图 A.12)。

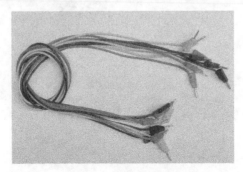

图 A.12 叠插头连接线

A.3.2 USB-D 数据连接线

USB-D 数据连接线,用于数据采集&虚拟仪器模块⑩与计算机上位机软件之间的数据通信(图 A.13)。

图 A.13 USB-D 数据连接线

A.3.3 耳麦

耳麦,用于数据采集&虚拟仪器模块⑩的话筒和耳机(图 A.14)。

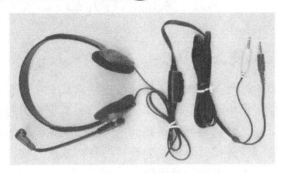

图 A.14 耳麦

A.3.4　套筒

套筒，六角 5.5mm，用于拆卸或安装实验模块（图 A.15）。

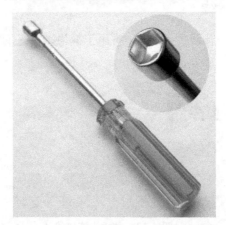

图 A.15　套筒

A.3.5　电源线

电源线，用于实验箱供电（图 A.16）。

图 A.16　电源线

A.4　实验软件介绍

A.4.1　信号处理系统上位机软件

信号处理系统上位机软件是一款用于搭配数据采集&虚拟仪器模块○S10使用的实验教学软件。该软件能够将模块○S10实时采集的音频信号数据进行时域分析、频域分析、滤波处理、尺度变换处理，并能将处理得到的信号返回送至硬件的输出端口，供外接的示波器进行观测，或者通过外接耳麦感受处理后的音频效果。软件还提供有信号卷积过程的图示化展示功能，供实验参考学习和使用（图 A.17）。

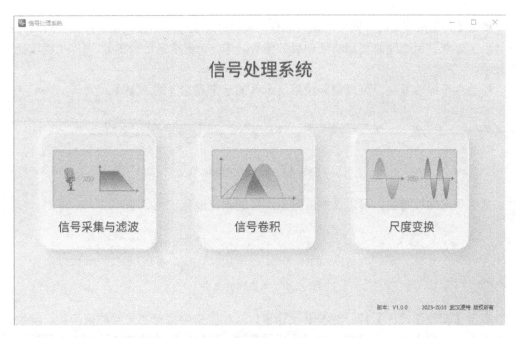

图 A.17　信号处理系统上位机软件主界面

信号处理系统上位机软件目前包括有信号采集与滤波、信号卷积、尺度变换三个单元。通过单击主界面上的单元图标，可相应地进入实验功能界面。

A.4.1.1　信号采集与滤波

该界面包括信号实时采集、信号回放、滤波器设计及应用、时域波形显示、频域波形显示、语谱图显示和硬件端口的信号输出选择控制等功能（图 A.18）。

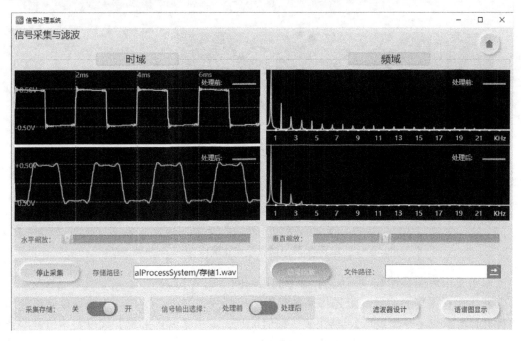

图 A.18　信号采集与滤波功能界面

139

单击【开始采集】时，软件对硬件 ADC 输入的信号进行滤波处理，并且在时域和频域显示区分别显示处理前和滤波处理后的信号波形。单击【停止采集】，则停止滤波处理和显示。

拖动水平缩放滑块，可以调整波形显示区的水平展宽（图 A.19）。

图 A.19　水平缩放滑块

拖动垂直缩放滑块，可以调整波形显示区的垂直展宽（图 A.20）。

图 A.20　垂直缩放滑块

单击【滤波器设计】打开滤波器设计窗口。在窗口中设置滤波器的窗函数、阶数、滤波器类型、截止频率等参数，单击【应用】就可以生成新的滤波器系数，以及滤波器系数曲线和频率响应曲线（图 A.21）。

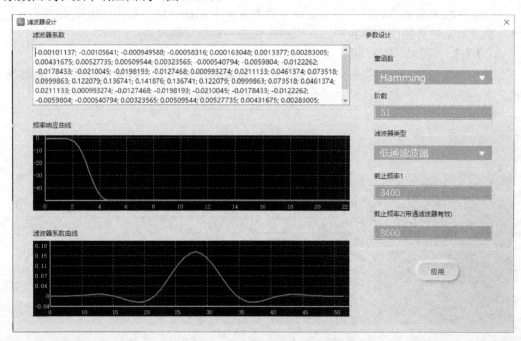

图 A.21　滤波器设计窗口

单击【语谱图显示】，可以显示信号的语谱图（图 A.22）。

若想保存采集的信号，应先将采集存储的控制开关拨至"ON"，并填写存储路径和文件名，再单击【开始采集】，待采集一段时间后，单击【停止采集】就得到该信号的音频文件。

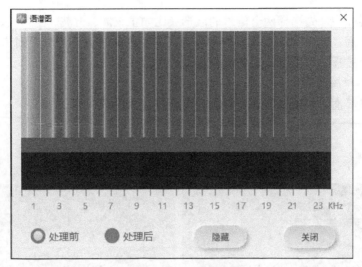

图 A.22 语谱图显示

通过文件路径框可以加载保存好的音频文件,单击【信号回放】后,软件会读取该音频文件,并显示其时域波形和频域波形。同时,软件对该音频文件进行滤波处理,并显示滤波输出信号的时域和频域波形。

通过信号输出选择的开关切换,可以控制硬件模块 DAC 端口的信号输出。当开关拨至"处理前"时,硬件模块 DAC 端口输出的是处理前的信号。当开关拨至"处理后"时,则硬件模块 DAC 端口输出的是滤波处理后的信号。

单击功能界面右上角的 图标,可以返回主界面。

A.4.1.2　信号卷积

信号卷积界面主要包含了对卷积处理过程的图示化展示功能(图 A.23)。

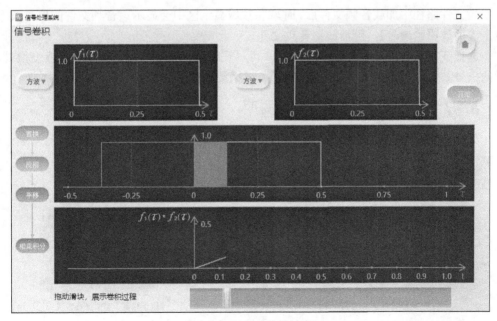

图 A.23　信号卷积功能界面

在软件界面中，先选择两个信号的波形（比如正弦波、方波、三角波、锯齿波），再单击【开始】后，软件将动态展示信号反褶。手动拖动滑块，可以看到信号的平移以及信号相乘积分过程，并得到最后的卷积结果。

A.4.1.3 尺度变换

尺度变换界面主要包括音频文件的尺度变换处理功能（图A.24）。

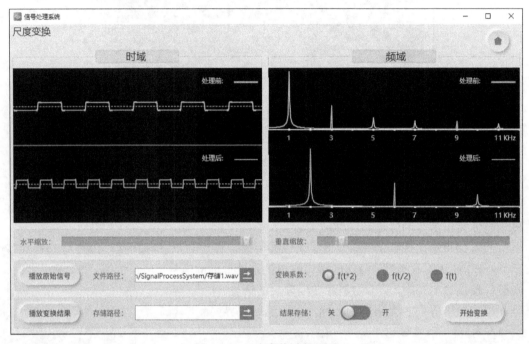

图A.24 尺度变换功能界面

当文件路径中加载音频文件后，时域和频域显示区中会显示该音频文件的信号波形。单击【播放原始信号】，可播放该音频文件。

选择变换系数后，单击【开始变换】，可以在时域和频域显示区中查看尺度变换处理后的信号波形。再单击【播放变换结果】，可播放处理后的音频。

A.4.2 软硬件连接和基本配置说明

如图A.25和图A.26所示，用USB-D数据线连接模块⑤10和计算机（已安装上位机软件）。

图A.25 软硬件连接图

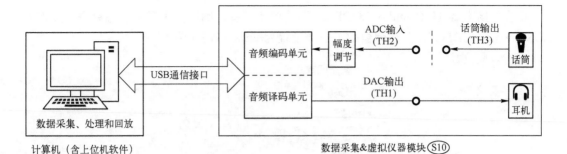

图 A.26　信号采集处理示意图

建议在实验之前先查看和配置一下计算机。这里以 Windows 10 系统为例进行相关说明。

在连接好设备之后,先打开实验箱电源以及模块 S10 的电源开关。

再用鼠标右键单击计算机屏幕右下角的 🔊 图标,在弹窗中选择【声音(S)】选项（图 A.27）。

在弹出的声音控制面板中,先单击【播放】选项,查看当前计算机默认播放设备是否为"扬声器 USB audio CODEC"（图 A.28）。

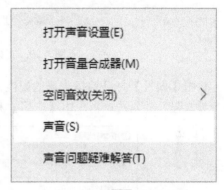

图 A.27　右键 🔊 图标的弹窗

图 A.28　声音控制面板的播放设置窗口

143

若"扬声器 USB audio CODEC"不是默认设备,则需要用鼠标右键单击"扬声器 USB audio CODEC",并在弹窗中单击【设置为默认设备】(图 A.29)。

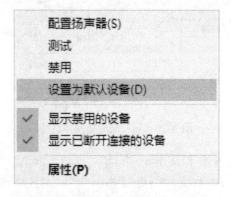

图 A.29 将扬声器设置为默认设备

单击【属性】打开该扬声器的属性窗口。然后在属性窗的【高级】选项中去掉"启用音频增强"的勾选。再单击【应用】和【确定】(图 A.30)。

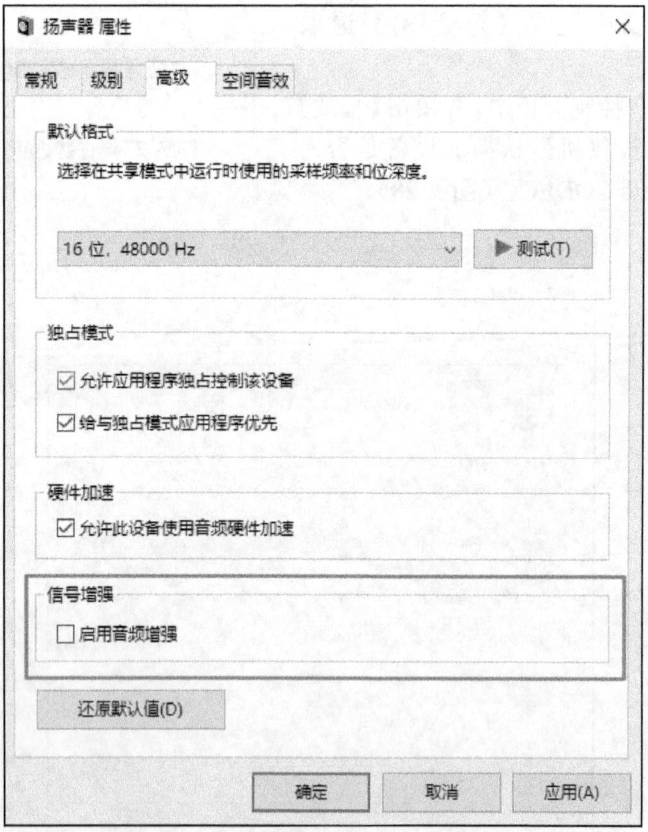

图 A.30 扬声器属性窗的【高级】选项

同样方法,在声音控制面板窗口中,单击【录制】选项,查看当前计算机默认录制设备是否为"麦克风 USB audio CODEC"(图 A.31)。

图 A.31 声音控制面板的录制设置窗口

若"麦克风 USB audio CODEC"不是默认设备,则需要用鼠标右键单击"麦克风 USB audio CODEC",并在弹窗中单击【设置为默认设备】(图 A.32)。

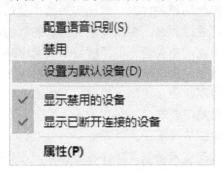

图 A.32 将麦克风设置为默认设备

单击【属性】打开该麦克风的属性窗口。然后在属性窗的【高级】选项中去掉"启用音频增强"的勾选。再单击【应用】和【确定】(图 A.33)。

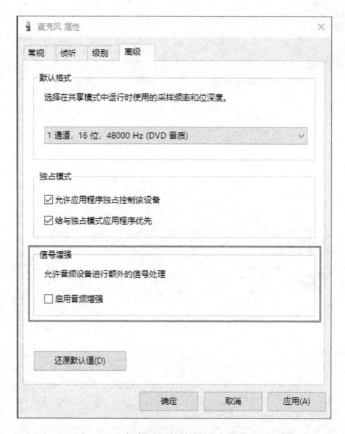

图 A.33　麦克风属性窗的【高级】选项

A.5　使用注意事项

（1）实验前应做好预习。

为了能够更好地理解实验的相关内容，并让实验操作更加容易，让实验效果融会贯通，实验前应该做好预习。通过预习，明确实验要达到的目的，知道实验所需的实验模块及配件，弄明白实验所依据的相关理论，了解整个实验思路和实施过程，知道实验需要进行的具体操作步骤和数据记录要求，掌握相关实验模块（比如，信号源及频率计模块等）的调节方法，掌握常用仪表（比如示波器、万用表等）的基本使用方法，考虑分析在实验过程中可能会出现的问题等。

（2）实验前应检查实验模块及配件是否齐备。

由于每个实验项目所需的实验模块及配件各不相同，在实验前应检查所需实验模块是否已经安装在实验箱中，并检查所需的电源线、连接线等配件以及测试仪表是否齐备。

（3）实验前应检查实验箱及各模块的供电是否正常。

实验箱通电前应检查电源线是否磨损、断裂、裸露，以免触电。实验箱右侧总电源以及各模块电源正常开电时，各模块右侧 LED 指示灯（+5V、+12V、-12V）应全亮。若 LED 不亮或者轻压出现闪烁时，请关闭电源后重新固定模块（图 A.34）。

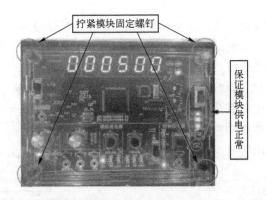

图 A.34　供电检查

（4）应正确使用叠插头连接线。

在进行实验连线或拆线操作时，尽量捏住叠插头连接线的根部，请勿直接拽线（图 A.35）。

图 A.35　连线或拆卸操作

（5）部分实验项目使用的方波信号源默认为 50%占空比。

部分实验项目中常常用到信号源及频率计模块产生的方波信号，若实验指导内容中只描述调节方波的频率和幅度，而未要求调节方波占空比时，则实验默认使用占空比 50%的方波。

（6）测试时应注意公共接地端。

所有实验模块的右侧有 GND 标识的∩形柱，是模块公共接地端。在实验测试过程中，常需要将示波器探头的接地端夹在此处，以便示波器能正确显示波形。

（7）关于本书中信号幅度的描述。

本书描述的交流信号（比如正弦波、三角波、方波等）幅度一般指的是示波器测量的信号峰峰值，直流信号幅度一般指的是示波器直流耦合测量的信号最大值。

（8）应规范使用仪器仪表。

在实验过程中常常会用到示波器、万用表等仪器仪表，在实验过程中，应规范操作这些设备，比如示波器探头的接地端应与实验模块的 GND 公共接地端连接好，避免因操作不当导致测试波形或结果显示不正确，再如测试信号电压不应超过仪表指定的输入端最大值,以避免损坏仪器仪表,又如应避免在太明亮或强磁场环境中使用示波器,以免损伤屏幕或导致测得波形受外界影响而失真。为了尽可能减少示波器探头的耗损,用示波器探头观测模块上的端口或测试点时,建议参考以下操作方法。

① 对于模块上的∩形测试钩,可以使用示波器探头帽直接钩夹住该测试钩,并确定夹紧即可。在钩夹或松开探头帽时,应注意操作用力适中,避免探头帽的夹钩变形或折断(图 A.36)。或者将探头帽取下来,直接用示波器探针直接斜靠在∩形测试钩上。在实测过程中,应注意示波器探针的接触位置不要松动或滑开(图 A.37)。

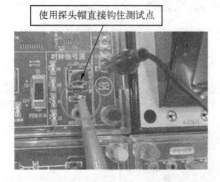
图 A.36　使用探头帽进行观测

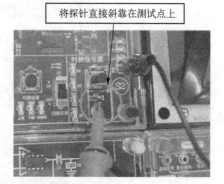
图 A.37　使用探针进行观测

② 对于模块上的台阶座端口,可以配合使用叠插头连接线和示波器的探头帽进行测试。连接线的一端接插入待测的台阶座端口,另一端则用示波器探头帽钩夹住(图 A.38)。

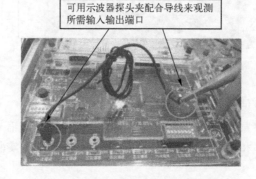
图 A.38　用示波器探头观测台阶座端口

(9) 保持实验箱体及模块干燥洁净,以延长器件使用寿命。

附录 B　Fluke 15B+数字万用表的使用

Fluke 15B+数字万用表采用 3 3/4 位液晶显示,具有读数直观精确、携带方便、使用简单、准确性较高等特点,如图 B.1 所示,此万用表由 LCD 显示屏、功能转换开关、功能切换键、表笔插孔组成,可用来测交直流电压和电流、电阻、电容、二极管正向压降等参数。

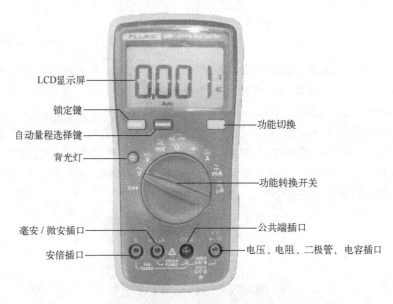

图 B.1　Fluke 15B+数字万用表

B.1　测量交流和直流电压

如图 B.2 所示,将旋转开关旋至 $\tilde{V}$、$\overline{V}$ 或 $\overline{\underset{mV}{\sim}}$ 挡,分别将黑色表笔和红色表笔连接到 COM 和 V 输入插座,用表笔另两端测量待测电路的电压值(与待测电路并联),由液晶显示器读取电压值。在测量直流电压时,显示器会同时显示红色表笔所连接的电压极性。

B.2　测　量　电　阻

将旋转开关旋至 Ω 挡,分别将黑色表笔和红色表笔连接到 COM 和 VΩ孔,用表笔另两端测量待测电路的电阻值,严禁带电测电阻,从液晶屏读取电阻测量值。

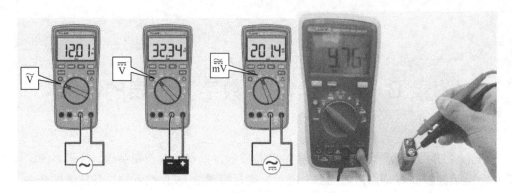

图 B.2　万用表测量电压值

B.3　测 量 电 流

如图 B.3 所示，测量电流时需要切断被测电路的电源，将旋转开关旋至电流测量挡位如μA、mA 或 A 挡，根据测量电流大小选择合适的测量挡位，按功能键选择直流电流或交流电流测量方式，将黑色表笔连接到 COM 输入孔。

如果被测电流小于 400mA 时，将红色表笔连接到毫安孔位（mA）；如果被测电流在400mA～10A，将红色表笔连接到安培孔位（A）。断开待测的电路，把黑色表笔连接到被断开电路的一端，把红色表笔连接到被断开电路的另一端，若电流从红色表笔进黑色表笔出，则显示测量值为正，反之，读数为负数。

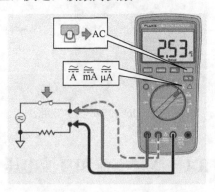

图 B.3　万用表测量交直流电流值

接上电路的电源，读取显示的测量电流值。若显示器显示"OL"，表明测量值超过所选量程，应更换选择合适的量程，旋转开关应置于更高量程。电流测量完成后，应先切断电源，恢复电路原状。

附录 C　DF1731SL3ATB 直流稳压电源的使用

DF1731SL3ATB 型电源是 DF1731 系列电源中的一种，具有主从两路输出，如图 C.1 所示。两路可调输出直流具有稳压和稳流自动转换功能，电路稳定可靠。稳压状态下，输出电压能从 0 至标称电压值之间任意调整。在稳流状态时，稳流输出电流能在从 0 至标称电流值之间连续可调。两路电源间可独立工作，也可以进行串联或并联。

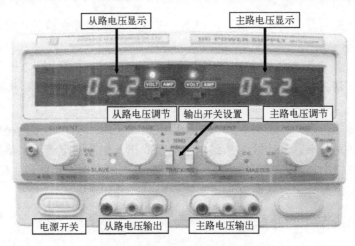

图 C.1　DF1731SL3ATB 型电源

C.1　电源使用的基本常识

（1）打开电源，根据需要确定电源输出方式，调节电压（或稳流源的电流）输出大小，确定无误后，关掉电源。

（2）用导线连接电源输出端子（注意正、负极性）和电路的电源端以及电路的参考地端。根据实际电路要求连接并检查无误后，再打开电源。

（3）电源使用完毕，应先关掉电源，再去除连接导线。

C.2　DF1731SL3ATB 型电源的使用方法

DF1731SL3ATB 型电源常用的方式是向电路板提供稳定的直流电压。提供直流电压有三种方式：主从两路电源可以各自独立使用，分别输出不同的可调直流电压，即独立模式；也可以主从电源串联提供大小相等的正负直流电压，即串联模式；还可以主从电源结合提供更大电流的单路直流电压，即并联模式。

通过调节电源模式控制开关可调节双路电源的输出模式。当两个按钮同时弹起，为主从电源独立模式；当左边按钮按下，右边按钮弹起，为串联模式；当两个按钮均按下，为并联模式。

C.2.1 稳压电源的独立使用

将电源模式控制开关均置于弹起位置，此时稳压电源处于双路独立输出模式。

主路（或从路）电源作为稳压源使用时，首先应将限流调节旋钮（左旋钮）顺时针调节到合适位置（以电路能够承受的最大电流为准），然后打开电源开关，同时调节电压调节旋钮，使从路和主路输出电压至需要的电压值时，稳压状态指示灯发光。

C.2.2 稳压电源的串联使用

将电源模式控制开关（左）按下，控制开关（右）置于弹起位置，此时稳压电源处于双路串联输出模式。

此时调节主路电源电压调节旋钮，从路的输出电压与主路输出电压尽可能保持一致。使输出电压最高可达两路电压的额定值之和（即主路输出正极和从路输出负极之间电压）。

在两路电源处于串联状态时，两路的输出电压由主路控制，但是两路的电流调节仍然是独立的。在两路串联时应注意从路电流调节旋钮，如从路电流调节旋钮在反时针到底的位置或从路输出超过限流保护点，此时从路的输出电压将不再跟踪主路的输出电压，因此，一般两路串联时应将从路电流调节旋钮顺时针旋到最大。

C.2.3 稳压电源的并联使用

将电源模式控制开关（左）按下，控制开关（右）按下，此时稳压电源处于双路并联输出模式。

此时两路电源并联，调节主电源电压调节旋钮，两路输出电压一样，同时从路稳流指示灯发光。在两路电源处于并联状态时，从路电源的稳流调节旋钮不起作用。当可调电源作稳流源使用时，只需要调节主路的稳流调节旋钮，此时主、从路的输出电流均受其控制并且相同。其输出电流值最大可达两路输出电流值之和。在两路电源并联时，如有功率输出，则应使用与输出功率对应的导线分别将主、从电源的正端和正端、负端和负端可靠短接，使负载可靠地接在两路输出的输出端子上。如将负载只接在一路电源的输出端子上，将有可能造成两路电源输出电流的不平衡，严重时有可能造成串并联开关的损坏。

C.3 稳压电源使用注意事项

（1）使用过程中，严禁短路，若输出发生短路，应马上关掉电源。

（2）因使用不当或环境异常等因素可能引起电源故障。当电源发生故障时，输出电压有可能超过额定输出最高电压，使用时请务必注意，以免造成负载损坏。

（3）供电电源线的保护接地端必须可靠接地。

附录 D TFG3908A 信号源的使用

D.1 TFG3908A 信号源面板简介

图 D.1 是 TFG3908A 信号源的后面板布局图，图中标号 8 为电源插座，标号 9 为电源总开关。在使用信号源时要确保总开关处于开的状态，可通过信号源前面板电源按钮开始缓慢地闪烁来判断总开关开启。

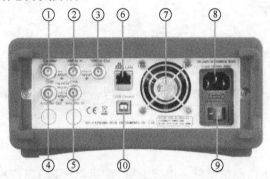

图 D.1 TFG3908A 函数信号发生器后面板

1—计数器输入；2—外时钟输入；3—内时钟输出；4—CHB 调制输入/触发输入输出；5—CHA 调制输入/触发输入和输出；6—网络接口；7—排风扇；8—电源插座；9—电源总开关；10—USB 设备接口。

图 D.2 是 TFG3908A 信号源的前面板布局图，图中标号 5 为电源按钮，当信号源后面板总开关开启，该按钮就会缓慢地闪烁；标号 7 为该信号源的两路输出端口，即 CHA 和 CHB 端口，两端口可分别独立输出信号；标号 6 为菜单软键，它与屏幕中对应菜单项结合使用，当按压某一软键，其作用是选中或选择屏幕下方相应菜单项内容。

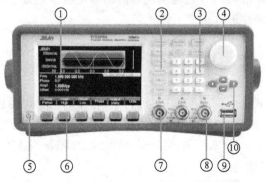

图 D.2 TFG3908A 函数信号发生器前面板

1—显示屏；2—功能键；3—数字键；4—调节旋钮；5—电源按钮；6—菜单软键；7—CHA、CHB 输出；8—同步输出；9—U 盘插座；10—方向键。

153

将电源插头插入交流 100~240V 带有接地线的电源插座中，按下后面板上电源插座下面的电源总开关，仪器前面板上的电源按钮开始缓慢地闪烁，表示已经与电网连接，但此时仪器仍处于关闭状态。按下前面板上的电源按钮，电源接通，仪器进行初始化，装入开机状态参数，进入正常工作状态，并显示出信号的各项工作参数。

D.2 基本使用方法

TFG3908A 信号源在使用时，其输出端口需要用带有 BNC 接头的同轴电缆接到使用该信号源的电路中，图 D.3 为该型信号源接输出电缆及单端 BNC 测试电缆示意图。

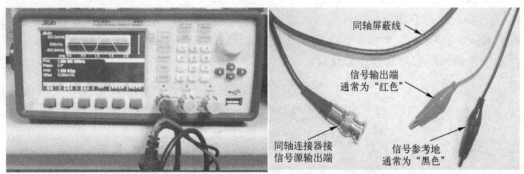

(a) TFG3908A输出电缆　　　　　　　　(b) BNC测试电缆

图 D.3　TFG3908A 输出电缆及其连接状态

图 D.3（b）为 BNC 测试电缆，电缆 BNC 端可以接到 TFG3908A 信号源的 CHA 或 CHB 端口，测试电缆的另一端为红黑两种颜色的鳄鱼夹，使用时，电缆黑色鳄鱼夹一定要接到电路参考地端，红色鳄鱼夹要接到电路信号输入端。

电缆 BNC 端与信号源输出端口连接方法是，用手捏住电缆 BNC 端的金属部分，将 BNC 头的前端两个缺口垂直对准信号源 CHA（或 CHB）输出端口的两个凸起，往里轻推到底，并顺时针旋转大致 90°即可。拆除测试电缆 BNC 端时，同样需要用手捏住电缆 BNC 端口金属部分，先逆时针旋转大致 90°，再向外拔出 BNC 端口即可。

使用信号源的基本准备，首先确认仪器前面板电源按钮处于缓慢的闪烁状态，按下电源按钮，开启信号源并进入正常工作状态。

D.3 基本信号设置方法

本节将以实例形式给出常用基本信号的完整设置方法，以便能够快速掌握该型信号源的使用方法。信号源基本信号指正弦信号、方波信号、锯齿波信号和脉冲信号。

【实例一】 用通道 A（CHA）产生一个频率为 100kHz、幅度为 2Vpp（峰峰值）、偏移电平为 0Vdc 的正弦信号。

解： 信号源启动后，默认的信号通道为 CHA，波形示意图和操作菜单显示为黄色；信号波形默认为正弦波，可通过显示屏上半部波形确定。如果此时信号源状态为默认状态，则可以选择频率、幅度直接来设置相应参数。

信号源默认状态下的设置步骤如下：

（1）按〖频率/周期〗软键，选"频率"，频率（Freq）参数的背景色变亮。

（2）按数字键【1】【0】【0】输入参数值，按〖kHz〗软键，频率参数显示为100.00kHz。

（3）按〖幅度/高电平〗软键，选"幅度"，幅度（Ampl）参数的背景色变亮。

（4）按数字键【2】【.】【0】输入参数值，按单位〖Vpp〗软键，幅度参数显示为2.0 Vpp。

（5）按【Output】键开通CHA输出端口的信号（CHA上端的灯亮）。

如果信号源不是默认的CHA通道，也不是正弦波，则可通过如下步骤进行设置。

（1）按【CHA/CHB】键，选择当前通道为CHA。

（2）确认【Continuous】功能键有效（亮起），即工作在连续模式（该键灯亮为信号源默认状态；如果该键没亮，则按此键使其亮起）。

（3）按【Waveform】键，显示波形菜单，可以直接选择正弦波。

（4）按〖频率/周期〗软键，选"频率"，频率（Freq）参数的背景色变亮。

（5）按数字键【1】【0】【0】输入参数值，按〖kHz〗软键，频率参数显示为100.00kHz。

（6）按〖幅度/高电平〗软键，选"幅度"，幅度（Ampl）参数的背景色变亮。

（7）按数字键【2】【.】【0】输入参数值，按单位〖Vpp〗软键，幅度参数显示为2.0 Vpp。

（8）按【Output】键开通当前的CHA输出端口的信号（CHA上端的灯亮）。

【实例二】 用通道A（CHA）产生一个频率为100kHz、幅度为3Vpp（峰峰值）、偏移电平为0Vdc、占空比50%的方波。

解：方波（Square）信号的设置方法如下。

（1）按【CHA/CHB】键，选择当前通道为CHA。

（2）确认【Continuous】功能键有效（亮起），即工作在连续模式（该键灯亮为信号源默认状态；如果该键没亮，则按此键使其亮起）。

（3）按【Waveform】键，显示波形菜单，选择方波。选择方波后，屏幕底部菜单将出现一个"占空比"选项，屏幕下半部分最后一项即占空比（Duty）参数项。选择方波后的信号源屏幕界面如图D.4所示。

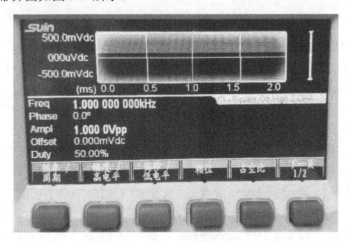

图D.4 方波信号设置界面

(4)按〖频率/周期〗软键,选"频率",频率(Freq)参数的背景色变亮。

(5)按数字键【1】【0】【0】输入参数值,按〖kHz〗软键,频率参数显示为100.00kHz。

(6)按〖幅度/高电平〗软键,选"幅度",幅度(Ampl)参数的背景色变亮。

(7)按数字键【3】【.】【0】输入参数值,按单位〖Vpp〗软键,幅度参数显示为3.0 Vpp。

(8)按〖偏移/低电平〗软键,选"偏移",偏移(Offset)参数的背景色变亮。

(9)按数字键【0】输入参数值,按单位〖Vdc〗软键,偏移参数显示为0 Vdc。

(10)按〖占空比〗软键,占空比(Duty)参数的背景色变亮;占空比参数默认50%。

(11)按数字键【5】【0】输入参数值,按〖%〗软键,占空比参数显示为50%。

(12)按【Output】键开通当前的CHA输出端口的信号(CHA上端的灯亮)。

【实例三】 用通道A(CHA)产生一个频率为200kHz、幅度为2Vpp(峰峰值)、偏移电平为0Vdc、占空比20%的脉冲波,边沿时间取默认值。

解:脉冲波信号的设置方法与方波信号的设置方法类似,除了频率、幅度、偏移等通用参数外,还有脉冲参数需要设置,脉冲参数包括脉冲宽度、占空比和边沿时间(图D.5)。

脉冲波信号的设置方法如下。

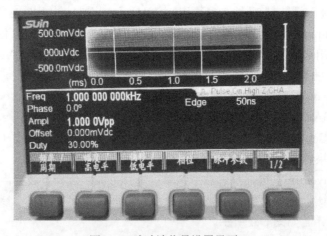

图D.5 脉冲波信号设置界面

(1)按【CHA/CHB】键,选择当前通道为CHA。

(2)确认【Continuous】功能键有效(亮起),即工作在连续模式(该键灯亮为信号源默认状态;如果该键没亮,则按此键使其亮起)。

(3)按【Waveform】键,显示出波形菜单,选择脉冲波。选择脉冲波后,屏幕底部菜单将出现一个"脉冲参数"选项;屏幕下半部分左边参数与方波设置参数相同,右边将有一项边沿时间(Edge)参数项。选择脉冲波后的信号源屏幕界面如图D.6所示。

(4)按〖频率/周期〗软键,选"频率",频率(Freq)参数的背景色变亮。

(5)按数字键【2】【0】【0】输入参数值,按〖kHz〗软键,频率参数显示为200.00kHz。

(6)按〖幅度/高电平〗软键,选"幅度",幅度(Ampl)参数的背景色变亮。

(7)按数字键【2】【.】【0】输入参数值,按单位〖Vpp〗软键,幅度参数将显示为2Vpp。

(8）按〖偏移/低电平〗软键，选"偏移"，偏移（Offset）参数的背景色变亮。
(9）按数字键【0】输入参数值，按单位〖Vdc〗软键，偏移参数显示为 0 Vdc。
(10）按〖脉冲参数〗软键或〖下一页〗，屏幕下边菜单将出现脉冲参数的三个设置项。信号源屏幕界面如图 D.6 所示。

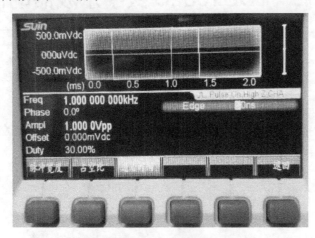

图 D.6　脉冲波信号设置脉冲参数界面

(11）按〖占空比〗软键，占空比（Duty）参数的背景色变亮。
(12）按数字键【2】【0】输入参数值，按〖%〗软键，占空比参数显示为 20%。
(13）按〖边沿时间〗软键，边沿时间（Edge）参数的背景色变亮。
(14）默认值也可以不用再设置，直接作为该选项参数。如果需要设置，可以按数字键【5】【0】输入参数值，按〖ns〗软键，边沿时间参数显示为 50ns。
(15）按【Output】键开通当前的 CHA 输出端口的信号（CHA 上端的灯亮）。

附录 E TDS1002B 数字示波器的使用

E.1　测　试　探　头

示波器测量时需要将被测信号通过测试线接入测试通道（CH1 或 CH2）。图 E.1 为示波器测试探头示意图，示波器探头只允许用于连到示波器通道。

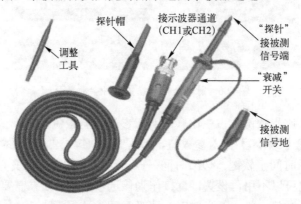

图 E.1　示波器测试探头（测试线）

图 E.1 中所示探头内部具有补偿电路，不允许将其连接到其他仪器上使用；图中的调整工具一般单独放置，需要时可用来调整补偿大小。图中的探针帽通常是戴在探针上的，若确需取下时，使用探针结束后注意及时将探针帽戴到探针上。探头上的"衰减"开关有"×1"和"×10"两个挡位。

E.1.1　探头"×1"和"×10"挡

本示波器的输入阻抗为 1MΩ 电阻和 20pF 电容的并联。并联电容是为了抑制高频干扰。示波器探头有"×1""×10"转换开关。

当探头开关置于"×1"时，在示波器屏幕上看到的方波的上升沿将大于实际输入方波的上升沿。

当示波器探头置于"×10"时，屏幕上显示的波形和数据都已由示波器×10 了（即屏幕数据与实际数据一样了）。

注意："×1"挡适用于测量频率小于 6MHz 的正弦波信号（特别是小信号时）。"×10"挡适用于测量频率大于 6MHz 的正弦波（若用"×1"挡测大于 6MHz 正弦信号将使输入信号的幅值减小，原因是带宽限制）；测量周期较短、幅值较大的方波，探头应使用"×10"挡，"×10"挡可大大改善进入示波器方波的上升沿。

E.1.2 探头衰减设置

探头有不同的衰减系数,它影响信号的垂直刻度。为保证在示波器显示区读出的垂直刻度数据与实际测量的数据相同,当探头衰减 10 倍时,需要示波器把 CH1 端口测到的数据再扩大 10 倍实现衰减系数匹配。否则,如果探头置于"×10"挡,而示波器通道菜单衰减系数选"1×"而不是"10×",则屏幕数据将比实际数据小 10 倍。

例如,要将 CH1 通道上所连探头设置到衰减"×10"挡,则示波器 CH1 设置匹配操作步骤是:按下"CH1 菜单(CH1 MENU)"→"探头"→"电压"→"衰减"选项,然后选择 10×(注意,示波器"衰减选项的默认设置为 10×")。

E.2 功能检查

示波器功能检查具体步骤如下。

(1)打开示波器电源开关。按下"DEFAULT SETUP(默认设置)"按钮,示波器内部的探头选项默认的衰减设置为"10×",即默认状态是通道信号被扩大 10 倍。

(2)在测试探头上将开关设为"10×",将探头连接到示波器的通道 1(CH1)上。测试线连到通道上方法是,将探头连接器上的插槽对准 CH1 BNC 上的凸键,按下去即可连接,然后向右转动将探头锁定到位(拆除方法反方向操作即可)。将探头端部和基准导线(夹子)连接到"探头补偿"(PROBE COMP)终端上,参见图 E.2(a)所示。

(3)按下"AUTOSET(自动设置)"按钮。几秒后应可以看到 5V 峰峰值的 1kHz 方波信号(即示波器提供的标准信号),参见图 E.2(b)所示,表明 CH1 通道正常。

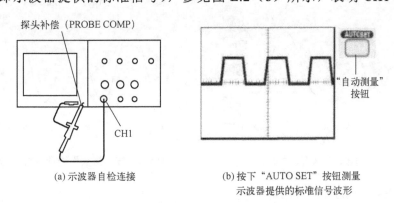

(a)示波器自检连接　　　(b)按下"AUTO SET"按钮测量
　　　　　　　　　　　　　示波器提供的标准信号波形

图 E.2　示波器功能检查连接方法及自检波形

按两次面板"CH1 MENU(CH1 菜单)"按钮删除通道 1 信号。将测试线接入 CH2 通道,补偿端接法不变,再按"CH2 MENU(CH2 菜单)"按钮显示通道 2 菜单,重复步骤(2)和(3),检查通道 2 是否正常。

E.3 简单测量

图E.3为示波器测量时探头的连接方法，即探头一端BNC头与通道1（CH1）或通道2（CH2）端口连接；探头的基准线（黑鳄鱼夹）需要与被测电路的参考地端相连，探针（或戴帽探头的金属钩）需要与被测点良好连接即可。

当需要查看电路中的某个信号，但又不了解该信号的幅值或频率。要快速显示该信号，并测量其频率、周期和峰峰值幅度，可用"AUTOSET（自动设置）"测量方法（图E.3）。具体步骤如下。

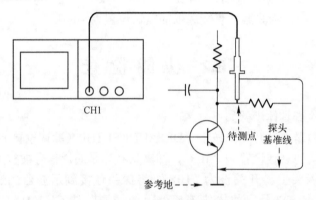

图E.3 示波器测量时探头的连接方法

（1）按下"CH1 MENU（CH1菜单）"按钮。通道1菜单参考图E.4右边部分所示。

（2）按下"探头"（即按"探头"项右边对应的选项按钮）→按下"电压"→按下"衰减"→"10×"。参见图E.5所示。

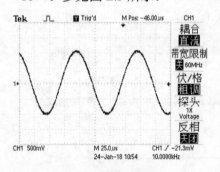

图E.4 CH1菜单

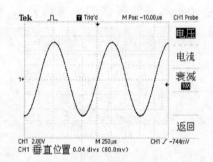

图E.5 按"探头"选项设置衰减系数

（3）将探头上的开关设定为"10×"。

（4）将通道1的探头端部与信号连接（即连接被测点）；将基准导线连接到电路参考点（即参考地）。

（5）按下"AUTOSET"（自动设置）按钮。

示波器自动设置垂直、水平和触发控制。如果要优化波形的显示，可通过垂直、水平控制旋钮来手动调整。

E.4 耦合方式设置

当按下任一通道菜单按钮如"CH1 MENU"或"CH2 MENU"时,示波器所显示的通道菜单第一项为"耦合"菜单项,该项提供"直流""交流"及"接地"三个耦合选项,选择不同的耦合方式,可以在显示的波形中确定是否含有直流成分。

E.5 自 动 测 量

示波器可自动测量大多数显示的信号,但如果"值"读数中显示问号(?),则表明信号在测量范围之外。需要调整"伏/格(VOLTS/DIV)"或"秒/格(SEC/DIV)"才可以正常显示,如图 E.6 所示。

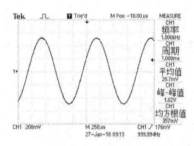

图 E.6 自动测量

自动测量之前准备:"CH1 MENU(CH1 菜单)"或"CH2 MENU(CH2 菜单)"中的"耦合"方式以及"探头"衰减系数应该设置完成,并将探头挡位置于与示波器内部衰减系数相匹配的位置,连接好测量探头。

"MEASURE(测量)"菜单中的每一个测量子菜单的设置方法是类似的,自动测量每个参数设置的基本步骤如下。

(1)按下屏幕右侧对应子菜单选项按钮;显示"测量 X 菜单"。

(2)按下"信源"→选"CH1"或"CH2";按下"类型"→选"XXX"参数(可用多用途旋钮选择)。"值"读数将显示测量结果及更新数据。

(3)按下"返回"选项按钮。

E.6 光 标 测 量

使用示波器的光标(CURSOR)功能可快速对信号波形进行时间和振幅测量,也可以对垂直方向任意两点间的电平差或水平方向任意两点间的时间差进行测量。

按下"CURSOR(光标)"按钮,将出现光标菜单如图 E.7 所示,光标菜单显示"类型"和"信源"。在"类型"选择项中可选择光标类型,如"幅度""时间"及"关闭";在"信源"选项中可选择当前要测量的通道,如"CH1""CH2"等。

当"信源"选项确定后,将在"信源"菜单下再增加显示"增量(Δ)"、"光标 1"和"光标 2"测量结果项。"增量"菜单显示两个光标间的绝对差值,"光标 1"和"光标

2"显示光标的当前位置。

　　光标总是成对出现,"幅度"光标以水平线出现,可测量垂直参数;"时间"光标以垂直线出现,可同时测量水平参数和垂直参数。使用多用途旋钮可以移动当前活动光标,活动光标以实线表示,非活动光标以虚线表示。

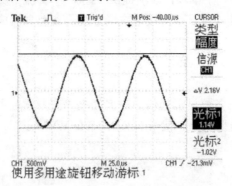

图 E.7 "CURSOR(光标)"按钮菜单

附录 F MATLAB 仿真基础

MATLAB 有两种工作方式：命令行工作方式和 M 文件编程工作方式。命令行方式下，用户只需在命令窗口中输入 MATLAB 命令后按下<Enter>键，系统便可执行相应的命令，并给出运行结果。而 M 文件编程方式是用普通的文本编辑器，把一系列 MATLAB 语句写进一个文件里，给定文件名进行存储，文件扩展名为.m，称为 M 文件，在执行"打开文件"等操作时才启动。本章仅介绍 MATLAB 的基本操作，详细的使用请参考帮助文件或其他参考书。

F.1 MATLAB 操作界面

以 MATLAB 2016 为例介绍，软件启动以后操作界面如图 F.1 所示。默认情况下主要包括三个窗口：当前文件夹窗口（Current Folder）、命令窗口（Command Window）和工作区（Workspace）。

当前文件夹窗口用于管理文件，该窗口可以显示或改变当前文件夹，并显示当前文件夹下的文件。

命令行窗口用于在命令行输入命令，是对 MATLAB 进行操作的主要载体。默认情况下，启动 MATLAB 时就会打开命令窗口，用">>"作为提示符。

工作区窗口用于显示创建或导入文件中的变量名称和数值。

F.2 命令行操作

启动 MATLAB 后，可以在命令窗口进行操作。每条命令输入并回车后，MATLAB 系统就解释并执行，显示命令执行结果。

如图 F.1 所示，在命令行中键入"a=1.5"，这是赋值命令，给变量 a 赋值 1.5，命令行会马上显示"a=1.5000"。再键入"b=sin(a)"，这是一个运算命令，计算 sin(1.5) 的值，回车后马上会显示"b=0.9975"。同时，在工作区，变量 a 和变量 b 的值也会显示出来。

命令窗口只适合一些简单的运算，不便于编辑修改较为复杂的程序。较为复杂的程序就要使用 M 文件编程工作方式了。

图 F.1　MATLAB 操作界面

F.3　M 文件

M 文件以字母 m 为扩展名,一般为 ASCII 码文本文件,可以用任何文本编辑器进行编辑。由于 MATLAB 软件是用 C 语言编写而成的,因此 M 文件的语法与 C 语言非常相似,对于学过 C 语言的读者来说,编写 M 文件是比较容易上手的。M 文件分类两大类:M 脚本文件(M-Script)和 M 函数文件(M-Function)。

M 脚本文件中包含一族由 MATLAB 语言所支持的语句,类似于 DOS 下的批处理文件,它的执行方式很简单,用户只需要在提示符">>"下键入该 M 文件的文件名,MATLAB 就会自动执行该 M 文件中的各条语句,并将结果直接返回 MATLAB 的工作空间。

与脚本文件不同,函数文件可以接受参数,也可以返回参数,一般情况下用户不能靠单独输入函数文件名来运行函数文件,而必须由其他语句来调用。函数文件以 Function 开始,以 end 结束。MATLAB 的大多数应用程序都是由函数文件的形式给出。

在 MATLAB 命令窗口状态下,选择"新建"→"脚本"即打开一个 M 文件编辑窗口,在其中就可以编写程序。保存该文件后,在命令窗口输入 M 文件名并回车,则 MATLAB 系统逐行解释并执行该 M 文件中的命令序列(即程序)。若发现错误,就会打开 M 文件进行修改再运行。

如图 F.2 所示,新建 M 文件后,将上述命令行代码输入,保存该文件名为"exam1.m"。在命令窗口中输入 exam1 加回车,则相当于在命令行窗口输入了 F.2 节实例所示的两条命令，在工作区显示出变量 a 和 b 的值。

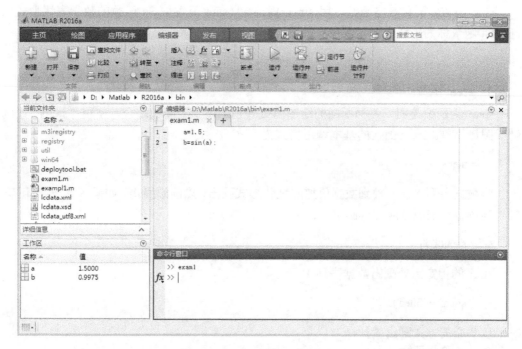

图 F.2　M 文件运行结果

F.4　有关的 MATLAB 函数

本书中 MATLAB 的应用主要是一些函数的调用。因此，本节将介绍有关的 MATLAB 函数，便于大家学习和查阅。

1．plot 函数

plot 命令打开一个称为图形窗口的窗口，将坐标轴缩扩以适应并描绘数据。如果已经存在一个图形窗口，则 plot 命令会清除当前图形窗口的图形，绘制新的图形。plot 函数的基本调用格式为：

　　plot(x,y)

若 x, y 是向量，则它们必须具有相同的长度。函数将以 x 为横轴，绘制 y。若 x, y 都是矩阵，则它们必须具有相同的尺寸，plot 函数将针对 x 的各列绘制 y 的每列。

　　plot($x_1,y_1,\cdots,x_n,y_n$)

在这种格式中，将使用相同的坐标轴绘制多条曲线。

　　plot(x,y,'linewidth',2)

以 x 为横轴，绘制 y，并将线宽设置为 2。

2. sinc 函数

sinc 函数，又称辛格函数，用 sinc(x)表示。（sinc 函数与 Sa 函数的数学表达形式相同，Sa 函数称为采样函数，或采样函数）

$$\mathrm{sinc}(x)=\frac{\sin\pi x}{\pi x}$$

3. stem 函数

stem 为函数绘图，各种不同的绘图函数分别适用于不同的场合。使用"stem"绘制针状图最简单。stem 函数的基本调用格式为：

stem(Y)

将数据序列 Y 从 x 轴到数据值按照茎状形式画出，以圆圈终止。如果 Y 是一个矩阵，则将其每一列按照分隔方式画出。

stem(X,Y)

在 X 的指定点处画出数据序列 Y。

stem(⋯,'filled')

以实心的方式画出茎秆。

4. subplot 函数

subplot 是将多个图画到一个平面上的工具。stem 函数的基本调用格式为：

subplot(m,n,p)

其中，m 表示是图排成 m 行，n 表示图排成 n 列，p 是指要把曲线画到 figure 中哪个图上。subplot(2,2,1)表示将 figure 划分为 2×2 块，在第 1 块创建坐标系。

5. ezplot 函数

ezplot 函数的功能是绘制符号函数的图像，只需给出函数的解析表达式即可，不需计算，也可不指出绘图区间，是一种十分简单的绘图方式。ezplot 函数的基本调用格式为：

ezplot(f)

在默认区间[-2pi,2pi]上绘制函数 f=f(x)。

ezplot(f,[min,max])

在区间 min < x < max 上绘制函数 f = f(x)。

ezplot(x,y)

绘制含参函数 x = x(t)和 y = y(t) 默认区间：$0<t<2\pi$。

6. subs 函数

subs 是赋值函数，用数值替代符号变量替换函数。subs 函数的基本调用格式为：

R = subs(S, old, new)

利用 new 的值代替符号表达式中 old 的值。old 为符号变量或是字符串变量名。new 是一个符号或数值变量或表达式。也就是说 $R = \mathrm{subs}(S,\mathrm{old},\mathrm{new})$ 在 old=new 的条件下重新计算了表达式 S。

7. freqs 函数

freqs 函数可以求出系统频响的数值解，并可绘出系统的幅频及相频响应曲线。freqs 函数的基本调用格式为：

$h = \mathrm{freqs}(b, a, w)$

根据系数向量计算返回模拟滤波器的复频域响应。freqs 计算在复平面虚轴上的频率响应 h，角频率 w 确定了输入的实向量，因此必须包含至少一个频率点。

$[h, w] = \mathrm{freqs}(b, a)$

自动挑选 200 个频率点来计算频率响应 h。

$[h, w] = \mathrm{freqs}(b, a, f)$

挑选 f 个频率点来计算频率响应 h。

8. dsolve 函数

函数 dsolve 解决常微分方程（组）的求解问题。dsolve 函数的基本调用格式为：

$r = \mathrm{dsolve}('eq_1,eq_2,\cdots', 'cond_1,cond_2,\cdots', 'v')$

'$eq_1,eq_2,\cdots$'为微分方程或微分方程组；'$cond_1,cond_2,\cdots$'是初始条件或边界条件；'v'是独立变量，默认的独立变量是't'。函数 dsolve 用来解符号常微分方程、方程组，如果没有初始条件，则求出通解，如果有初始条件，则求出特解。

9. buttord 函数

buttord 函数一般用于滤波器的设计。buttord 函数的基本调用格式为：

$[N,w_n]=\mathrm{buttord}(w_p,w_s,R_p,R_s,'s')$

用于计算巴特沃斯模拟滤波器的阶数 N 和 3dB 截止频率 w_n。w_p、w_s、w_n 均为实际模拟角频率。说明：buttord 函数使用阻带指标计算 3dB 截止频率，这样阻带会刚好满足要求，而通带会有富余。

10. butter 函数

butter 函数是求巴特沃斯数字滤波器的系数。butter 函数的基本调用格式为：

$[b,a]=\mathrm{butter}(N,w_n);$

N 是滤波器的阶数，根据需要选择合适的整数，w_n 是自然频率，w_n = 截止频率*2/采样频率，如果要留下小于截止频率的信号，用这种格式：

$[B,A]=\mathrm{butter}(N,w_n)$

如果要留下两个频率之间的信号，用这种格式：

$[B,A]$=butter(N,[wn_1 wn_2])

11. set 函数

set 函数是属性的操作函数。set 函数的基本调用格式为：

set(句柄，属性名 1，属性值 1，属性名 2，属性值 2，…)
set(gcf,'color','w');

gcf 返回当前 Figure 对象的句柄值，color 代表颜色属性，w 设置为白色。

12. axis 函数

axis 主要是用来对坐标轴进行一定的缩放操作，axis 函数的基本调用格式为：

axis([xmin xmax ymin ymax])

设置当前坐标轴 x 轴和 y 轴的限制范围。axis([-1 1 -0.5 1.5])表示 x 轴的范围为[-1,1]，x 轴的范围为[-0.5,1.5]。

13. syms 函数

syms 是定义一些符号变量，用来进行符号运算。syms 函数的基本调用格式为：

syms x y

就是定了符号变量 x 和 y 后，x 和 y 就可以直接使用了，其运算出来的结果也是符号变量。

14. figure 函数

在 MATLAB 中使用 figure 函数来建立图形窗口调用方式，能够创建一个用来显示图形输出的窗口对象。figure 函数的基本调用格式为：

figure

创建一个新的窗口，所有参数采用默认。

figure(s)

s 为参数，s 为数据时要大于 0，否则报错。

15. conv 函数

MATLAB 提供了计算线性卷积和两个多项式相乘的函数 conv。conv 函数的基本调用格式为：

w=conv(u,v)

其中，u 和 v 分别是有限长度序列向量，w 是 u 和 v 的卷积结果序列向量。如果向量 u 和 v 的长度分别为 N 和 M，则向量 w 的长度为 $N+M-1$。如果向量 u 和 v 是两个多项式的系数，则 w 就是这两个多项式乘积的系数。

16. abs 函数

abs 函数：数值的绝对值和复数的幅值。abs 函数的基本调用格式为：

y=abs(x)

函数对数组元素进行绝对值处理的函数，函数的定义域包括复数。

17. zeros 函数

zeros 函数生成零矩阵。zeros 函数的基本调用格式为：

B=zeros(n)：生成 $n×n$ 全零阵。

B=zeros(m,n)：生成 $m×n$ 全零阵。

B=zeros(size(A))：生成与矩阵 A 相同大小的全零阵。

18. imread 函数

imread 函数将图像读入至 MATLAB 环境中。imread 函数的基本调用格式为：

J= imread('figure1.jpg')：在当先目录中读入名为 figure1 的.jpg 图片文件。

19. imnoise 函数

imnoise 函数将输入图像添加噪声。imnoise 函数的基本调用格式为：

J= imnoise(I,type)：按照给定类型添加至图像噪声给图像 I。

J= imnoise(I,type，parameters)：按照给定类型添加至图像噪声给图像 I，并添加响应类型噪声所对应的参数。

20. imadjust 函数

imadjust 函数用于调节灰度图像的亮度或彩色图像的颜色矩阵。imadjust 函数的基本调用格式为：

J=imadjust(I)：将灰度图像 I 中的亮度值映射到 J 中新值，以增加输出图像 J 的对比度值。

J=imadjust(I,[low_in;high_in],[low_out;high_out])：将灰度图像 I 中的亮度值映射到 J 中新值，即将 low_in 至 high_in 之间的值映射到 low_out 至 high_out 之间的值。

21. imcomplement 函数

imcomplement 函数用于灰度图像的反转变换。imcomplement 函数的基本调用格式为：

J=imcomplement(I)：将灰度图像 I 中的灰度值为 x 的像素值转换为 $255-x$，用于增强暗色背景下的白色或灰色细节信息。

22. rgb2gray 函数

rgb2gray 函数用于将真彩色图像转换为灰度图像。rgb2gray 函数的基本调用格式为：

J=rgb2gray (I)：将真彩色图像 I 转换为灰度图像 I。

23. im2bw 函数

im2bw 函数用于将真彩色图像转换为灰度图像。im2bw 函数的基本调用格式为：

BW =im2bw (rgb,LEVEL)：将真彩色图像转换为二进制图像，LEVEL 是归一化的阈值。

24. 简单函数说明

Heaviside 函数，调用该函数可产生阶跃信号。

sin 函数，调用该函数可产生正弦信号。

exp 函数，调用该函数可产生指数信号。

sinc 函数，调用该函数可产生采样信号。

diff 函数，调用该函数可完成符号函数的微分。
int 函数，调用该函数可完成符号函数的积分。
fourier 函数，调用该函数可完成符号函数的傅里叶变换。
ifourier 函数，调用该函数可完成符号函数的傅里叶反变换。
ztrans 函数，调用该函数可完成符号函数的 z 变换。
iztrans 函数，调用该函数可完成符号函数的 z 反变换。

参 考 文 献

[1] 吴大正，等. 信号与线性系统分析[M]. 4版. 北京：高等教育出版社，2005.
[2] 王丽娟，等. 信号与系统[M]. 北京：机械工业出版社，2015.
[3] 乐正友. 信号与系统[M]. 北京：清华大学出版社，2004.